Blänsdorf / Janik / Schäfer
Bandusia

Beiträge zur Altertumskunde

Herausgegeben von
Ernst Heitsch, Ludwig Koenen,
Reinhold Merkelbach, Clemens Zintzen

Band 32

Springer Fachmedien Wiesbaden GmbH

Bandusia

Quelle und Brunnen in der lateinischen,
italienischen, französischen und deutschen
Dichtung der Renaissance

Von

Jürgen Blänsdorf
Dieter Janik
Eckart Schäfer

Springer Fachmedien Wiesbaden GmbH 1993

Die Veröffentlichung dieses Buches wurde durch eine namhafte Spende
des Verbandes der Freunde der Universität Mainz e.V. ermöglicht,
dem ich hiermit meinen herzlichen Dank ausspreche.

Die Deutsche Bibliothek – CIP-Einheitsaufnahme

Bandusia:
Quelle und Brunnen in der lateinischen, italienischen,
französischen und deutschen Dichtung der Renaissance /
von Jürgen Blänsdorf; Dieter Janik; Eckart Schäfer. –
Stuttgart: Teubner, 1993
(Beiträge zur Altertumskunde; Bd. 32)
ISBN 978-3-663-11972-2   ISBN 978-3-663-11971-5 (eBook)
DOI 10.1007/978-3-663-11971-5

NE: Blänsdorf, Jürgen; Janik, Dieter; Schäfer, Eckart; GT

Vorwort

Quelle und Brunnen und ihre schöne Naturumgebung sind ein Lieblingsthema der Literatur, Malerei, Plastik, Bau- und Gartenkust der Renaissance. Der Motivkomplex bezeugt gleichzeitig in exemplarischer Weise die fruchtbare Rezeption der antiken Dichtung in der lateinischen und und den nationalsprachlichen Dichtungen dieser Epoche.

Die erste Anregung zur Beschäftigung mit der Quelle ging von einem Mainzer Seminar über die lateinische und französische Dichtung der Pléiade aus. Gesichtspunkte waren einerseits die von Horazens Bandusia-Gedicht ausgehende Antike-Rezeption, andererseits die Originalität der neuen Konzeption, die jeweiligen Besonderheiten der poetischen Gestaltung und zugleich die gegenseitige Beeinflussung dieser beiden Literaturstränge, die sich nicht selten im Werk desselben Dichters (Petrarca und Du Bellay sind die bedeutendsten Beispiele zweisprachigen Dichtens) beobachten läßt.

Interpretationen und Ergebnisse konnten, bereichert um den Beitrag des Freiburger Kollegen E. Schäfer, während des VIII. Internationalen Kongresses für neulateinische Studien in Kopenhagen (12. - 17. August 1991) vorgetragen werden. Zu dieser Zeit war die Materialsammlung schon so weit angewachsen, daß sich die Verfasser entschlossen, die erweiterter Interpretationen zusammen mit den oft schwer zugänglichen Texten gesondert herauszugeben Zufallsfunde ergeben freilich, daß das Material noch immer nicht erschöpft ist.

Die Absicht der Verfasser ist es also, mit diesem Sammelband ebenso eine Untersuchung der verschiedenen Aspekte, die das Quellen-Thema in etwa zwei Jahrhunderten, vier Sprachen und drei Ländern entfaltet hat, wie ein Lesebuch über eine der fruchtbarsten Epochen der europäischen Literatur vorzulegen. Die meisten Gedichte sind deshalb ungekürzt abgedruckt.

Bei der zeitraubenden Suche nach einschlägigen Gedichten unterstützten mich sachkundig Dr. Christian Pietsch und Dr. Rainer Thiel, bei den Korrektur- und Formatierungsarbeiten cand.phil. Stefan Kliemt, denen ich hiermit herzlich danke. Für die Ausgaben der Renaissance konnte ich dank der freundlichen Hilfe von Frau Molitor und Herrn Dr. Schibel, Universitätsbibliothek Mannheim, auf die unschätzbaren Bestände der Bibliothek Desbillons zurückgreifen.

Die Veröffentlichung dieses Buches wurde durch eine namhafte Spende des Verbandes der Freunde der Universität Mainz e. V. ermöglicht, dem ich hiermit meinen herzlichen Dank ausspreche.

Jürgen Blänsdorf   Mainz, im September 1992

Inhaltsverzeichnis

Jürgen Blänsdorf

Aspekte eines poetischen Themas in der neulateinischen Dichtung

Italiens und Frankreichs

I

Horazens Ode auf Bandusia, die Quelle seines kleinen Landgutes in den Sabinerbergen[1], hat in der lateinischen Dichtung der Renaissance[2] eine erstaunliche Nachwirkung gezeitigt, zu der nur wenige andere antike Dichtungen beigetragen haben. Das immer wieder neu erfahrbare Erlebnis einer erquickenden Quelle in schöner Naturumgebung erhielt aus dem Wunsch poetischer *Imitatio* und *Aemulatio* mit antiker Dichtung[3] die Anregung zu neuen Variationen, die nicht auf die lateinische Dichtung beschränkt blieben, sondern schon früh - z.T. auch aus anderen

---

[1] Zur Identifikation der Quelle vgl. die Kommentare von A. Kießling - R. Heinze, Oden und Epoden, Berlin 1955, 316, und H.-P. Syndikus, Die Lyrik des Horaz, Eine Interpretation der Oden, Bd. II, Darmstadt 1973, 135 f.

[2] Zur Einführung in die neulateinische Literatur, v.a. die Dichtung, vgl. das Handbuch von Ijsewijn (1977 und 1990) und die literaturgeschichtlichen Darstellungen von Murarasu (1928), van Tieghem (1944), Elwert (1972) (der die italienische, französische und lateinische Dichtung im historischen Zusammenhang und ihrer gegenseitigen Einwirkung behandelt), Buck (1976) und Roloff (1984) und die Beiträge von Spitzer (1959), Sparrow (1960), Ijsewijn (1969) und Ludwig (1986) und (1988).

[3] In den folgenden Interpretationen wird gewöhnlich nur auf das wichtigste antike Vorbild hingewiesen. Darüberhinaus sind in der Dichtung der Renaissance poetische Floskeln aus antiker Dichtung von Lukrez bis Claudian ubiquitär. Die Nachweise ließen sich leicht führen. Aber im Sinne der poetischen *Imitatio* und *Aemulatio* ist eher zu fragen, welche neuen Konzepte oder Variationen aus dem poetischen Erbe entwickelt wurden. Rezeption ist als schöpferischer Prozeß zu verstehen, nicht als Kopistenkunststück, vgl. Sparrow (1960) 363 ff. und 368 f. und McFarlane (1983) 14 f.: es geht nicht um Zitat und Nachahmung, sondern um Aneignung und Verfremdung (Problem der Intertextualität).

2

Traditionen zusätzlich gespeist - in die italienische, französische und deutsche Dichtung hinüberwirkten[4].

Das Thema dieses Sammelbandes ist somit die Rezeption eines Motivs der antiken Dichtung in der neulateinischen Dichtung und die Wechselwirkung mit der nationalsprachlichen Dichtung von der Zeit Petrarcas bis etwa zur Mitte des 16. Jahrhunderts.

Als exemplarischer Fall poetischer Rezeption eignet sich das Quellen-Thema (und auch als begrenzteres Motiv[5] im Rahmen anderer Themen) aus zwei Gründen:

1. Die räumlich beschränkte Szenerie der Quelle bietet nur wenigen beschreibenden Details und eng begrenzten Ereignissen Raum, so daß der Reiz der Neubearbeitung weniger im Inhalt als in stilistischer Variation gesucht werden mußte.

2. Das Motiv der Quelle ist nicht auf eine poetische Gattung beschränkt. Schon in der antiken Dichtung findet es sich im Epos und anderen erzählenden Dichtungen, im Lehrgedicht, in Elegie, Epigramm und lyrischem Gedicht. Der Zwang zu literarischer Variation mußte hier geradezu notwendig zur Gattungsinterferenz führen. Erzählerisches konnte aus Epos, Epyllion und Elegie auf die Lyrik übergreifen, lyrische Themen und Stimmungen und religiöse Motive ihrerseits auf die erzählerischen Gattungen. Naturschilderung wiederum und Liebeserleben wurden zu ständigen Elementen des Quellen-Themas aller poetischen Gattungen. Das Ende der Entwicklung ist von einer weitgehenden Gattungsindifferenz des Quellen-Themas in der lyrischen Ode, dem Hendekasyllabus und dem Epigramm gekennzeichnet[6].

Ich möchte mich nun zunächst den antiken und mittelalterlichen Ausprägungen des Quellen-Themas zuwenden, jedoch mehr um seine poetischen Aspekte herauszuarbeiten als um seine Geschichte von Hesiods Musenquelle bis zu Claudians moralischer Allegorese der Clitumnus-Quelle nachzuzeichnen.

Der poetisch vielseitige Motivkomplex Wasser, z. B. als Tau und Regen, Fluß, See und Meer findet sich in realer und metaphorischer Bedeutung in fast allen Gattungen der griechischen und römischen Dichtung. Doch trotz mehrerer namentlich gefeierter Quellen wie der dem Musischen zugeordneten Hippokrene blieb die Szenerie der schönen und erquickenden Quelle auf knappe Motive in thematisch anders

---

4 Zum Zusammenwirken der lateinischen und muttersprachlichen Dichtung in Frankreich Naiden (1952), Briesemeister (1968), McFarlane (1973) 394, der wie Soubeille (1984) von poetischer Symbiose der lateinischen und französischen Dichtung spricht.

5 Bei der Zusammenstellung des Textkorpus, stellte sich auch bald heraus, daß sich eine Beschränkung auf solche Gedichte, in denen die Quelle das beherrschende Thema ist, nicht empfiehlt, da seit Petrarca poetische Neuentdeckungen auch in Dichtungen, in denen die Quelle nur vorübergehendes Motiv ist, zutagetreten und von dort weiterwirken können.

6 Zur Instabilität der Gattungen vgl. den überhaupt lesenswerten Forschungsüberblick von McFarlane (1983), bes. 9.

orientierten Dichtungen beschränkt und gab überraschend selten Anlaß zu themati-
scher Behandlung. Auch das *Bandusia-Gedicht* des Horaz (c. III 13) steht im
Rahmen seiner Odensammlung, abgesehen von einigen sonstigen Quellen-Topoi in
anderen Gedichten, allein und fällt nicht durch poetische Besonderheiten auf. Worauf beruhte also die poetische Fruchtbarkeit des Quellenthemas in der Dichtung der
Renaissance?

Schon vor Horaz waren fast alle Aspekte des Quellen-Motivs erprobt.
T h e o k r i t verlieh dem Motiv als Schauplatz des Hirtengesanges trotz immer
noch knapper Erwähnungen etwas mehr ekphrastische Fülle[7]. Doch als selbständi-
ges Thema entdeckten es erst die E p i g r a m m a t i k e r [8], und sie erpobten schon

---

7 Quellen-Motive der antiken Dichtung bei Dahlmann (1982) 17; ein Katalog der einzelnen
Motive bei Schönbeck (1962) 19-31.

Theokrit (1. Hälfte 3. Jh. v. Chr.), *Id.* 7, 135

> Über uns säuselte Laub von Pappeln und Ulmen in Fülle,
> nahe dabei floß plätschernden Falls aus der Grotte der Nymphen
> heiliges Wasser; auf schattenden Zweigen ertönte das Zirpen
> dunkler Zikaden in stetem Bemühn, und weitab im Dornen-
> dickicht erscholl des Baumfrosches Quaken. Die Lerchen und Finken
> sangen ihre Lied, und seufzend erklang das Gurren der Turtel.
> Goldgelbe Bienen summten und flogen herum um die Quellen.
> Alles duftete Fülle der reichen Ernte des Sommers....

Id. 1,1.

> Süß ist das Wispern der Fichte, o Ziegenhirte, da drüben
> nahe dem Quell, wo sie singt, und süß ertönt deine Flöte. (vgl. Id. 5, 31-33)

Id. 22,36

> Unversiegbaren Quell, aus kahler Klippe entspringend,
> fanden sie dort, die Kiesel am Grund erglänzten wie Silber
> oder Kristall. Es standen beim Quell hochragende Fichten,
> heller Ahorn dazu und hochbegrünte Zypressen.
> Duftende Blumen auch wuchsen dabei, den zottigen Bienen
> liebes Bemühen, und alles, was, wenn der Frühling zu Ende,
> bunt in lieblicher Fülle bedeckt die blumige Wiese.
> (zum Locus amoenus kontrastiert aber die unheimliche Gestalt des Amycus)

(Theokrit. Übersetzt, kommentiert und mit einem Nachwort von H. C. Schnur, Reutlingen
1975)

8 Leonidas von Tarent (1. Hälfte 3. Jh. v.Chr.), Anthologia Graeca VI 334

> Heiliger Hügel der Nymphen, ihr Grotten, ihr Bächlein am Berge,
>   Pinie, Genossin des Quells, Hermes, den Maja gebar,
> Gott auf dem Vierkant des Sockels, du treuer Schirmer der Schafe,
>   Pan, du, der du den Fels weidender Ziegen bewohnst:
> nehmet in Gnaden den Krug, gefüllt mit dem Wein, und den Kuchen,
>   den Neoptolemos hier, Aiakos' Nachfahr, euch weiht.

ders., Anthologia Graeca IX 326

> Kühles Wasser, du Quell, der aus felsiger Spalte herabrinnt,
>   Bilder der Nymphen dabei, kunstlos von Hirten geschnitzt,

fast alle seine poetischen Möglichkeiten: die Quelle ist der kühle, von sommerlicher Hitze umgebene Ort, der wegen seiner segensreichen Erquickung für Mensch und Tier unter göttlichem Schutz steht. - Die Quellen-Szenerie, ein intimer Innenraum, umfaßt doch zahlreiche landschaftliche Einzelmotive wie das Rauschen des Wassers, die umgebende Grotte, den Altar oder das Kultbild, als weitere Umgebung Fels und Hügel, Bäume mit im Winde rauschenden Blättern, Gras, Blumen und Duft, auch Obst; zu hören sind Vögel oder Bienen und Zikaden. - Die räumliche Beschränktheit der Quellen-Szenerie findet im begrenzten Geschehen ihre Entsprechung: Mensch und Tier weichen vor der Hitze aus, trinken aus der Quelle und finden Erquickung in Ruhe oder Schlaf. Auch sakrale und sympotische Motive tragen nur verhalten zur Belebung der Szenerie bei: die Quellgottheit, eine Nymphe oder Pan, werden im Gebet um Schutz angerufen oder für die erfrischende Gabe bedankt; Opfer oder Weihung können sich anschließen. Oder mehrere Personen - Hirten oder Liebende - treffen sich zu Gesang, Tanz und Gelage. Die Redeform des Epigramms ist das Gebet an die Quellgottheiten oder einen anderen Schutzgott dieses schönen Ortes oder die Anrede an den Wanderer oder den Hirt, der zur Erquickung eingeladen oder um Schonung der Quelle gebeten wird. Ekphrastische Elemente sind noch nicht verselbständigt, sondern wegen der poetischen Kleinform in Gebet oder Anrede integriert. Die *Bandusia-Ode* des H o r a z (c. III 13) ist das erste lyrische Gedicht der antiken Literatur, das ganz dem Thema der Quelle gewidmet ist.

> 1. O fons Bandusiae, splendidior uitro,
>   dulci digne mero non sine floribus,
>   cras donaberis haedo,
>   cui frons turgida cornibus

> 2. primis et uenerem et proelia destinat -   5
>   frustra, nam gelidos inficiet tibi
>   rubro sanguine riuos
>   lasciui suboles gregis.

Heil euch, und Heil euch, ihr Felsen, und euch, ihre Nymphenfigürchen,
    die der sprudelnde Born über und über benetzt,
Heil euch! Aristokles gibt euch den Becher als Gabe, den wandernd
    er in die Flut hier getaucht und mit Erquickung geleert.
Anyte von Tegea (etwa 300 v. Chr.), Anthologia Graeca IX 313

Setz dich hier unter die schönen, grünsprossenden Blätter des Lorbeers,
    und aus dem herrlichen Quell schöpfe dir köstlichen Trunk,
daß du im Hauche des Zephyrs die lieben Glieder, die müde
    wurden von Sommers Beschwer, ruhend dir wieder erquickst.
    (Anthologia Graeca, Griechisch - Deutsch ed. H. Beckby, München 1965.).

Vgl. Anthologia Graeca IX 374 (anon.), X 13 (Satyros), Appendix Planudea XVI 230 (Leonidas), XVIII 228 (Anyte).

> 3. te flagrantis atrox hora Caniculae
> nescit tangere, tu frigus amabile   10
> fessis uomere tauris
> praebes et pecori uago.
>
> 4. fies nobilium tu quoque fontium
> me dicente cauis inpositam ilicem
> saxis, unde loquaces   15
> lymphae desiliunt tuae.
> (Q. Horatius Flaccus, Carmina ed. F. Klingner, Lipsiae 1959)

Die *Bandusia-Ode* weist mit der feierlichen Anrufung, der mehrfachen Prädikation (Str. 1 und 2) und dem Versprechen ewigen Ruhmes Formen des antiken Gebetshymnus auf. Auch die Details des Opfers mit Wein, Blumenkränzen und Bocksblut evozieren die sakrale Sphäre. Doch ist die Sakralisierung stark gemildert, weil der Kultakt in die Zukunft (*cras*) verlegt ist und nicht die Quellgottheit angesprochen wird, sondern die Quelle mit ihren sinnlichen Qualitäten der Klarheit und Kühle, ihrem Rauschen und raschen Fließen[9]. So vertritt die Ode nicht wirklich ein Kultgebet, sie ist vielmehr ein lyrischer Reflex des erwarteten Rituals. Der Dank gilt allein der realen Quelle, nicht ihrem sakralen Charakter oder einer Quell-Gottheit. Versucht man alle Einzelmotive dieses kleinen Gedichts zu erfassen, so überrascht deren Fülle - es fehlen weder die umgebende Szenerie noch die Tiere, die vor der Hitze Schutz suchen, noch die Details des Quell-Opfers, das bukolische und ein verstecktes erotisches Element noch schließlich der Ruhm, den der Dichter der Quelle zu spenden verspricht. Doch gemessen an der rhetorisch geschulten Ordnung der Motive in den Quellen-Gedichten der Renaissance herrscht bei Horaz eine von Sachzwang freie Fähigkeit der Integration der Einzelmotive in den poetischen Kontext einer einzigen panegyrischen Anrede an die Quelle und die Kunst sparsamster Andeutung sachlicher Details. Eine einzige freudige Bewegung durchzieht das ganze Gedicht, aber daß die Bandusia sich auf Horazens sabinischem Landgut befindet, bleibt unerwähnt; eine konkrete Lokalisierbarkeit oder gar heimatliche Nähe sind von Horaz noch nicht thematisiert.

Horazens Bandusia-Gedicht blieb für die gesamte Renaissance das bestimmende Vorbild. Jedes der bei ihm angedeuteten Einzelmotive wurde ausgeweitet oder gar verselbständigt. Doch ließen sich aus weiteren antiken Quellen ergänzende Nuancen gewinnen.

1. Die Quelle als Geschehensraum wurde von P r o p e r z (I 20) aus einer kurzen Anspielung Vergils (*ecl*. 6,43) auf die Sage von Hercules und dem Raub des Hylas durch die Quell-Nymphen entdeckt. Kaum eine mit dem Quellen-Motiv verbundene Sage erfreute sich in der Renaissance-Dichtung einer solchen Beliebt-

---

9   Die römischen Fontanalia am 13. Oktober wurden als Datierung der Horaz-Ode vorgeschlagen, aber sie passen nicht zur Hochsommerstimmung - *atrox hora Caniculae* - , so daß auch in diesem Aspekt der Bezug des Gedichts zum realen Kultakt nicht herstellbar ist.

heit. In der gleichen Szenerie spielen bei Ovid die Sage von Narcissus, der von Echo entführt wurde (Ov., *met*. III 339), die noch erotischere Sage von Salmacis und Hermaphroditos (Ov., *met*. IV 285), die wunderbare Flucht und Verwandlung der Arethusa (Ov., *met*. V 572) und der schreckliche Tod des Actaeon, der Diana und ihre Jagdgefährtinnen beim erfrischenden Bad in der Quelle überrascht hatte (Ov., *met*.III 155). Somit waren nicht nur Liebe und Tod als thematische Möglichkeiten des Quellenmotivs entdeckt, sondern auch die Nacktheit und ihre strafwürdige Belauschung.

2. Die rhetorische Ekphrasis bemächtigte sich des Quellen-Themas und stattete die Szenerie mit gehäuften Details aus. In P e t r o n s *Satyrica* - deren Wie derauffindung im Jahre 1650 für eine Wirkung auf die Dichtung der Renaissance zu spät kam - ist in einem kleinen, zur Unterhaltung einer Gesellschaft verliebter junger Leute vorgetragenen Gedicht die Quelle umgeben von einem kaum der Anschauung entnommenen Mischwald[10] von Schatten und Kühle spendenden Platanen, Lorbeer, Zypressen und Pinien. Optische und akustische Eindrücke wie die Bachkiesel, Blumen und Gras, das Rauschen des Wassers und der Gesang von Nachtigall und Schwalbe werden in der Absicht rhetorischer Steigerung gehäuft[11]. - Die Fertigkeit der aus der Handlung gelösten und verselbständigten Einzeltopoi und ihrer obligaten Attribute wird in T i b e r i a n s Schilderung eines Haines offenbar, in dessen Mitte einer Quelle zahlreiche Bäche entströmen[12].

3. Aus ältester poetischer Tradition (Hesiod, *theog*. 1ff.) stammt die Musen-Quelle , die zum Topos poetischer Inspiration wurde, jedoch seltener zu ekphrastischer und noch seltener zu erzählerischer Ausgestaltung reizte. Auch der satirische Spott des Persius (*pr*. 1 ff.) über die Abgenutztheit dieses Topos fand keine Nachahmung.

4. Die Quelle als Naturwunder führte T u l l i u s L a u r e a ein, der die Heilkraft einer Quelle auf Ciceros Landgut rühmte. Nicht ohne Wirkung blieb auch

---

[10] Der Ausdruck für diesen Topos des *locus amoenus* stammt von Curtius (1942) 229 ff.

[11] Petron, *Sat*. 131

> Nobilis aestiuas platanus diffuderat umbras
> et bacis redimita Daphne tremulaeque cupressus
> et circum tonsae trepidanti uertice pinus.
> Has inter ludebat aquis errantibus amnis
> spumeus et querulo uexabat rore lapillos.
> Dignus amore locus: testis siluestris aedon
> atque urbana Procne, quae circum gramina fusae
> ac molles uiolas cantu sua rura colebant.

[12] Tiberianus (Anth. Lat. I 2, 809 Buecheler-Riese, fr. I Mattiacci) v. 12 f.

> fonte crebro mumurabant hinc et inde riuuli.
> antra muscus et uirentes intus <hederae> uinxerant,
> quae fluenta labibunda guttis ibant lucidis.
> Has per umbras omnis ales plus canora quam putes

P l i n i u s ' begeisterte Schilderung der Quelle des Clitumnus (*ep*. VIII 8); seine Themen sind das Naturwunder, die Schönheit des Ortes, seine kultische Verehrung samt den angebrachten Weihepigrammen und der kräftige Tourismus zu diesem berühmten Ort[13].

5. Der mittelalterlichen Dichtung fehlt das Motiv der Quelle nicht[14]. Anlaß konnten außer Wiederaufnahmen antiker Vorbilder auch die Schilderung der Paradiesquelle in *Genesis* 2,10 bieten. Doch da die Naturschilderung festen rhetorischen Topoi folgte, wäre es abwegig, in ihr den Reflex lebendigen Naturgefühls zu suchen. Die Quelle und ihre Szenerie sind vielmehr in eine Ideallandschaft eingebettet, eine Konzeption, die zur Topisierung und zur leichten Verfügbarkeit mittels schulmäßig erlernbarer rhetorischer *Praecepta* führen mußte[15]. Die skizzenhaften Andeutungen frühlingshafter Natur, die den Eingang nicht weniger der *Carmina Burana* bilden, zeigen zwar in der Sommerstimmung und der Einbettung in eine erotische Szene einige Verwandtschaft mit Horaz und sonstiger erotischer Poesie der Antike, verraten aber am sprachlich nur wenig variierten Vorrat topischer Details das Schulmäßige solcher Schilderungen: die Quelle wird allenfalls in wenigen Substantiven mit den obligaten Attributen der Kühle und Klarheit mehr genannt als geschildert.

> 1. Estiuali sub feruore,
>   quando cuncta sunt in flore,
>   totus eram in ardore.
>   Sub oliue me decore,
>   estu fessum et sudore,
>   detinebat mora.
>
> 2. Erat arbor hec in prato
>   quouis flore picturato,
>   herba, fonte, situ grato,
>   sed et umbra, flatu dato,
>
>   stilo non pinxisset Plato

---

    cantibus uernis strepebat et susurris dulcibus.

13 Auch die intermittierende Quelle am Comer-See, die er in *ep*. IV 30 beschreibt, konnte Anlaß zu Beschreibungen von Naturwundern geben; vgl. E. Lefèvre, Plinius-Studien IV: Die Naturauffassung in den Beschreibungen der Quelle am Lacus Larius (4,30), des Clitumnus (8,8) und des Lacus Vadimo (8,20), Gymnasium 95, 1988, 236-269, hier 239-246 und 251 ff.

14 Auf die doch ganz anders geartete mittelalterliche Motiv-Tradition machte mich freundlicherweise Monika Grünberg-Dröge (Bonn) aufmerksam.

15 Curtius (1942) weist die Grundlagen dieser Schematisierung der Naturschilderung in der griechischen und römischen Literatur nach; zur Quelle 224 f. und 231, zu den Topoi-Katalogen u.a. der *Ars Versificatoria* des Matthaeus Vindocinensis (Vendôme) 234, und ders., Europäische Literatur und lateinisches Mittelalter, Bern 1948, 2. Aufl., 1969, Kap. 10 : Die Ideallandschaft, 191 ff.

>   loca gratiora.
> 3. Subest fons uiuacis uene,
>   adest cantus philomene
>   Naiadumque cantilene.
>   Paradisus hic est pene;
>   non sunt loca, scio plene,
>   his iocundiora.
> 4. Hic dum placet delectari
>   delectatque iocundari
>   et ab estu releuari,
>   cerno forma singulari
>   pastorellam sine pari
>   colligentem mora.
>   (Carmina Burana, hg. v. A. Hilka - O. Schumann, abgeschlos-
>   sen v. B. Bischoff, Heidelberg 1930-1970, hier CB 79,1-4)[16]

Gern wird der Natureingang auch als Szenerie für Streitgespräche benutzt; in den *Carmina Burana* findet sich folgendes Beispiel:

> 1. Anni parte florida, celo puriore
>   picto terre gremio uario colore
>   dum fugaret sidera nuntius Aurore,
>   liquit somnus oculos Phyllidis et Flore. ...
> 6. Susurrabat modicum uentus tempestiuus,
>   locus erat uiridi gramine festiuus,
>   et in ipso gramine defluebat riuus
>   uiuus atque garrulo murmure lasciuus.
> 7. Ad augmentum decoris et caloris minus
>   fuit secus riuulum spatiosa pinus,
>   uenustata folio, late pandens sinus,
>   nec intrare poterat calor peregrinus.
>   (CB 92 Phyllis et Flora)

Auch in der Schilderung des schönen Gartens wie in dem von B a u d r i v o n   B o u r g u e i l   (1046-1130) ersehnten Landgut bildet die Quelle die obligate Staffage:

> Vitreus ut nostro fons ebulliret in orto,   27
>   quem michi pampinea porticus obtegeret,
> allueretque meum refluis anfractibus ortum
>   umectaret humum riuulus aurifluam.   30
>
> Vnda michi somnos exciret murmure rauco

---

[16] Vgl. CB 145, str. 6

> Patet et in gramine
> iocundo riuus murmure;
> locus est festiuus.
> uentus cum temperie
> susurrat tempestiuus.

nec furtiua nimis, nec nimis obstreperet.
>   (Baldricus Burgulianus, hg. v. K. Hilbert, Heidelberg 1979,
>   140)

E. R. Curtius[17] macht auf eine reichere Schilderung in W a l t h e r   v.
C h â t i l l o n s *Alexandreis* II 308 ff. aufmerksam, wo der Feldherrnhügel des
Darius als *locus amoenus* geschildert ist. Am Fuße des Hügels entspringt eine lieb-
liche Quelle, deren Plätschern die Berge verstummen läßt und deren Wasser dem
Tal Fruchtbarkeit spenden.

> (Darius....)
> ascendit tumulum modico qui colle tumebat
> castrorum medius, patulis ubi frondea ramis
> laurus odoriferas celabat crinibus herbas.   310
> Sepe sub hac memorant carmen siluestre canentes
> Nympharum uidisse choros Satyrosque procaces.
> Fons cadit a leua, quem cespite gramen obumbrat
> purpureo, uerisque latens sub ueste iocatur
> riuulus et lento rigat interiora meatu   315
> garrulus et strepitu facit obsurdescere montes.
> Hic mater Cybele, Zephirum tibi, Flora, maritans
> pullulat, et uallem fecundat gratia fontis,   318
> qualiter alpinis spumoso uertice saxis   318a
> descendit Rodanus, ...   318b
>   (Galteri de Castellione Alexandreis, ed. M. L. Colker, Patavii
>   1978, 51)

Hier sind es nicht nur die Hyperbeln der Fähigkeiten (*garrulus et strepitu facit*
obsurdescere montes) und die allegorisch-werthaften, aber nicht-sinnlichen Qualitäten (*cespite gramen...purpureo*), die die Schilderung der Natur doch wieder zur
Sammlung literarischer Topoi werden lassen: auch die Belebung der Szenerie durch
die aus der antiken Dichtung entnommenen mythischen und allegorischen Gestalten
von Nymphe, Satyrn, Cybele, Zephyr und Flora und schließlich der Vergleich mit
dem R(h)odanus heben die Literarizität und die allegorische Bedeutungshaftigkeit
des über die Funktion im Kontext ausgeweiteten Quellen-Motivs hervor. Wir werden sehen, daß das mythische Personal in den Quellen-Gedichten der Renaissance
wiederkehrt. Gerade also der am deutlichsten antike Zug jener Dichtung hat überraschenderweise in mittelalterlicher Tradition sein Vorbild.

Auf zwei andere Traditionsstränge der mittelalterlichen Quellen-Motivik sei
hingewiesen, um zeigen zu können, daß sie in der weltlichen Dichtung der Renaissance aus gutem Grund keine Nachfolge finden konnten. Schon C l a u d i a n
(*Paneg. in Hon. Aug. VI con.*, v. 506-514) leitete vom physikalischen Wunder der
Clitumnus-Quelle zur moralischen Allegorese über. In E z e c h i e l s *Mosesdrama*
wird eine mystische Landschaft mit einer Wiese geschildert, der zwölf Quellen ent-
springen. Griechische Ikonen zeigen Maria als Quelle des Lebens. Im *Anticlaudia-*

---

[17] Curtius (1942) 254.

nus des A l a n u s   a b   I n s u l i s   (1181 oder 1182 verfaßt)[18] ist das Haus der Natur (*domus naturae*) ein idealer Ort jenseits unserer Welt; die dort entspringende Quelle verleiht eine unglaubliche Fruchtbarkeit (*Anticl.* I 97-106). Hier genügten Formeln, die alle Qualitäten ins märchenhaft Ideale steigern; sinnliche Anschauung oder Emotionen sind nicht das Ziel der Beschreibung.

Aus dem Garten des Paradieses mit seinen aus einer Quelle entspringenden vier Strömen entwickelte sich der Liebesgarten als Szenerie höfischer Liebeswerbung und -dichtung. Hier hat jedes der kostbaren Details symbolische Bedeutung oder sogar märchenhaft-magische Kräfte. In einem provençalischen Gedicht des 12. Jahrhunderts wird die allegorische Erzählung eines Liebesfestes im Frühling mit der Szenerie eines schattigen, vom Gesang der Vögel erfüllten Orts eingeleitet. Vor einem von Gold und Azur blitzenden Schloß fließt die von blühenden Lilien umkränzte und von Lorbeer und Pinien umstandene Quelle des Guten, die das Böse vergessen läßt (v. 83 ff.); dort sitzt Amor und hält *discours,* und als er gekrönt wird, beginnt die Quelle zu musizieren (v. 839 ff.)[19]. G u i l l a u m e   d e   L o r r i s   erzählt im *Roman de la Rose* die Narcissus-Sage nach Ovid (v. 1515), aber als er sich selbst im Spiegel der Quelle entdeckt, findet er dort in den zwei Kristallen sein eigenes Schicksal[20].

Die andere Traditionslinie entstammt der A r t u s - S a g e , in der die Quelle nicht nur Ort märchenhafter Lieblichkeit und Kraft ist, sondern verborgenes Geheimnis, das nur der tapfere Ritter zu erreichen vermag, und Durchgang zu einem grauenhaften oder verheißungsvollen Jenseits, das sich durch einen magischen Akt mit Blitz, Sturm und Erdbeben öffnet und den Ritter entführt[21].

---

[18] Alain de Lille, *Anticlaudianus*, ed. R. Bossuat, Texte Philosophiques du Moyen Age 1, Paris 1955, 60; zur Stelle vgl. Curtius (1942) 239

[19] Jung (1971) 148 f.; über die höfische Liebesszene mit Quellen-Motiv in der allegorischen Novelle des Peire Guilhem 159 ff.; über den Liebesgarten mit der der Paradiesquelle entlehnten Szenerie in *Blancheflour et Florence* und die französische und italienische Redaktion desselben Stoffes S. 200 ff. Im *Fablel du dieu d'Amour* (um 1285) träumt der Dichter eines Morgens, er spaziere auf einer schönen Wiese und finde dort einen Jungbrunnen aus dem Paradies: str. 6 *De paradis i couroit uns rouissax / Parmi la prée*, Jung, (1971) 205.

20 Jung (1971) 300 f.

21 In Chrétien de Troyes' *Ivain* kommt Calogrement, ein Ritter vom Hof Arthurs, zu einer gefährlichen Quelle, deren Wasser, auf einen Smaragdblock gegossen, zu einem Sturm führt. Im Prolog des *Tournoiement Antechrist* des Huon de Méry erzählt der Dichter, er sei in den Forst von Brocéliande eingedrungen, um die Wahrheit über den von Chrétien de Troyes beschriebenen gefährlichen Quell zu erfahren. Alexander von Neckam, *De naturis rerum* II 7, deutete die Zauberquelle als dem Reich des Antechrist zugehörig; danach ist das Wasser die christliche Lehre, der Stein die unbußfertige menschliche Seele; vgl. Jung (1971) 268 ff. und 289. In einer *Complainte d'ámour* aus dem 13. Jahrhundert ist das Motiv des Liebesgartens mit dem der gefährlichen Quelle der Artus-Sage verbunden und anschließend wieder allegorisch gedeutet; vgl.

11

II

Viel häufiger als die antiken Dichter haben die italienischen, französischen und deutschen Dichter der Renaissance sich dem Motiv der Quelle gewidmet und zahlreiche neue Variationen der Szenerie, der Handlung und der mit ihnen verbundenen Emotionen entdeckt, sie in einer noch größeren Anzahl poetischer Gattungen ausgeformt und an die nationalsprachlichen Dichtungstraditionen weitervermittelt[22]. Außer Horaz, Properz und Ovid wurde jedoch Petrarca das bestimmende Vorbild, und überraschenderweise stärker durch seine *Canzone 126 Chiare, fresche e dolci acque* als durch die durchaus originellen Beiträge seiner lateinischen Dichtungen. Weitere Anlässe zur Quellen-Dichtung boten offensichtlich eigenes Erleben - so am deutlichsten bei Petrarca - und die Anknüpfung an lokale Kulte und Legenden oder der Wunsch, in Anknüpfung an die antike Welt neue lokale Mythen zu schaffen.

Der Neubeginn der lateinischen Dichtung der Frührenaissance ist nicht allein durch den unmittelbaren Rückgriff auf die antiken Vorbilder, die konsequente Weltlichkeit der Themen und Motive und den Verzicht auf die Allegorese gekennzeichnet. Neu ist vielmehr auch die Überwindung der verfestigten Topik durch eigenes Erleben sinnlicher Qualitäten der Naturerscheinungen und die Einbeziehung der konkreten, lokalisierbaren Umwelt des Dichters.

Die Originalität F r a n c e s c o P e t r a r c a s (1304-1374) erweist sich schon in dem zunächst konventionell beginnenden Proöm seines Epos *Africa*. Einigen Wendungen, die er seinem großen Vorbild, der vergilischen *Aeneis,* entnimmt, fügt er nach Motiven aus Properz (III 3) den Inspirationstopos mit der Bitte, aus dem Musenquell am Helikon trinken zu dürfen, an[23]. Doch die literarische Konvention geht mit der bittenden Zuwendung zu der ihm von einem gütigen Schicksal

---

Jung (1971) 319. - Dem deutschen Leser ist der ganze Motivkomplex am ehesten aus dem ersten Traum in Novalis´ *Heinrich von Ofterdingen* vertraut.

[22] Die Suche nach einschlägigen Texten ging von den Sammlungen der Renaissance und der Neuzeit aus: Toscanus (1576), Gruterus (1608), M. Seyffert, (1834/35), Arnaldi - Rosa - Sabia (1964), Laurens (1975), Perosa - Sparrow (1979), McFarlane (1979) und Nichols (1979).

Die oft unzuverlässigen Texte wurden, soweit möglich, mit den zeitgenössischen Autoren- und neueren textkritischen Ausgaben verglichen. - Die stark schwankende Orthographie der alten und neuen Textausgaben wurde mit dem Ziel leichterer Lesbarkeit vorsichtig, doch nicht mit letzter Konsequenz (*mihi/michi, y/i*), vereinheitlicht: v.a. die Diphthonge *ae* und *oe* wurden meistens restituiert, *v* immer durch *u* ersetzt. Die Versalien der Versanfänge wurden aufgegeben.

[23] Spitzer (1955) beobachtet in Petrarcas lateinischen Dichtungen den Versuch möglichster Angleichung an die antiken Muster und daher eine starke Differenz zu den Dichtungen im Volgare; das Verhältnis ist bei Poliziano und Pontano infolge anderer Einflüsse und Stiltendenzen diffiziler, s.u.

12

geschenkten und zur Heimat gewordenen Landschaft der Vaucluse und der Quelle
der Sorgue in das eigene Erleben über.

> *Africa I*
> Et mihi conspicuum meritis belloque tremendum,
> Musa, uirum referes. Italis cui fracta sub armis
> nobilis aeternum prius attulit Africa nomen.
> Hunc precor, exhausto liceat mihi sugere fontem
> ex Helicone sacrum, dulces, mea cura, sorores,   5
> si uobis miranda cano. Iam ruris amici
> prata quidem et fontes uacuisque silentia campis
> fluminaque et colles et apricis otia siluis
> restituit fortuna mihi: uos carmina uati
> reddite, uos animos.   10
> (Francisci Petrarchae opera quae extant omnia, Basileae 1581,
> 24)

In der lateinischen Versepistel, die er 1346 aus Vaucluse an Giovanni Colonna
richtete[24], erzählt er in humorvoller Weise von der schwierigen Regulierung des
Flusses und der endlich gelungenen Anlage eines Musenbezirks an der Sorgue-
Quelle (vgl. den Brief an Franciscus, den Prior von Ss. Apostoli in Florenz).

> *Epistolae Metricae III 1*
> Est michi cum Nimphis bellum de finibus ingens,
> auditum fortasse tibi. Mons horridus auras
> excipit ac nimbos et in ethera cornibus exit,
> ima tenent fontes Nimpharum nobile regnum.
> Sorgia surgit ibi querulis placidissimus undis   5
> et gelida predulcis aqua; spectabile monstrum
> alueus ut uirides uitreo tegit amne smaragdos .
> (Nach vielen Schwierigkeiten mit dem Fluß, den Bauern und Fischern gelang es ihm
> schließlich, den Quellbezirk anzulegen)
> Iamque Helicon collisque biceps iamque ungue caballi   87
> fons oriens uatumque uirens iam silua uideri
> incipit et miseris melior fortuna reuerti.
> (Francesco Petrarca, Rime, Trionfi e Poesie Latine, a cura di F.
> Neri (et al.), Milano/Napoli (o.J.), 766 (La Letteratura Italiana,
> Storia e testi 6)).

Die Sorgue-Quelle entspringt in einer genau lokalisierbaren Landschaft, ihre
Entstehung wird mit der Gebirgsbildung geradezu naturwissenschaftlich genau erklärt, Wasser und Bachbett werden mit dem Sinn für das Wunderbare und die
Schönheit dieser reichlich sprudelnden Karstquelle anschaulich vor Augen gestellt.
Nicht als obligate Topoi, sondern mit persönlichem Bezug sind die mythischen
Gestalten eingeführt: nach der Zähmung der Nymphen - hier noch eine grimmig-
humorvolle Metonymie der zerstörerischen Naturkräfte, die Petrarca zu schaffen
machten - legte der Dichter sich einen als Musenhain gedachten Park an, in dem er
dichten und seine Ruhe finden will. Die ganze, nun zur Heimat gewordene Szenerie

---

[24] Daten nach Wilkins (1956).

verwandelt sich ihm in Helikon, Parnaß und Dichterquelle. Der Quelltopf der Sorgue wird mit der Übertragung der Sage der Hippokrene aitiologisch erklärt.

In einem um ein Jahr späteren Brief an den gleichen Freund beschreibt er weiterhin sein zurückgezogenes, stilles Leben in Vaucluse. Sein ungestörtes Refugium ist eine von dichtem Buschwerk umhegte Idylle, die von kühlen Quellen und Felsklippen eingeschlossen ist, wohin nur die Vögel und auf schmalem Pfad er selbst, geleitet von seinem wachsamen Hund, eindringen können. Hier ist der Musenort als durchaus reale Naturszenerie aus eigenem Erleben wiederentdeckt[25].

Epistolae Metricae III 5
Est inter fontes gelidos locus undique solis   45
peruius alitibus, scopulis et flumine cinctus:
hac gressu trepidante feror; manet ille (sc. *canis*) uiamque
occupat et magno tegit arctum corpore saxum.
    (a.O. 780)

Nach dem Vorspiel Petrarcas setzt die Quellendichtung erst mit den Elegien, Hendecasyllaben und der Lehrdichtung des neapolitanischen Dichters J o h a n n e s J o v i a n u s P o n t a n u s (geb.1429 in Cerreto, Umbrien, gest. 1503) wieder ein[26]. Im *Parthenopaeus* greift er wie Petrarca auf die Inspirationssymbole des Properz (III 3) zurück. Aber er überträgt die Topoi aus Elegie und Epos auf den eher der spielerischen Dichtung vorbehaltenen Hendecasyllabus und verselbständigt sie zu einem eigenen Gedicht, in dem er in gelehrter Weise alle Inspirationssymbole, die Quellnymphen und ihre Chöre, zwei Dichterquellen und ihre Landschaften und schließlich als poetisches Vorbild Sapphos Werke, vereinigt. Trotz der namentlichen Lokalisierungen wird jedoch die Dichterquelle nur als gelehrte Chiffre genannt und nicht in eine in sich geschlossene, anschauliche Szenerie eingebettet.

Parthenopei sive Amorum liber I 8
Nymphae, quae nemorum comas uirentis
atque undas Aganippidas tenetis,
et saltus gelidos uirentis Haemi,
uos, o Thespiadum cohors dearum,
uestris me socium choris et antris   5
uulgi auertite dentibus maligni;
et me Castaliae liquore lymphae
sparsum cingite laureis corollis
cantantem modo Sapphicis libellis
    (G. Pontano, Carmina, ed. J. Oeschger, Bari 1948, 74)

Ähnlich lehnt sich seine kleine Elegie auf die Bergquelle Casis (der Rio Casi seiner umbrischen Heimat) an Horazens erotisch-sympotische *Lucretilis-Ode* (c. I 17) an und nutzt die größere Form zu ausführlicherer Beschreibung, doch diese ist

---

[25] Krautter (1983) behandelt nur die Gattung Bukolik und berücksichtigt daher nur Petrarcas *Bucolicum Carmen*.

[26] Zu Leben und Werk vgl. Kidwell (1991), zu Pontanos Heimat 24 und 38.

14

noch wie bei Horaz in die Anrede integriert und nicht zur Ekphrasis verselbständigt. Mit der Nennung der heimatlichen Quelle bereitet sich die Offenheit der Renaissancedichtung, speziell der Ekloge, gegenüber der Realität der eigenen Welt
vor. Doch mit der neu erlebten Natur und Landschaft verbinden sich noch immer
die Gestalten einer fiktiven poetischen, heidnischen Welt: die Szenerie ist belebt
von den liebesdurstigen Hamadryaden, dem musizierenden Pan, den tanzenden
Najaden und der von der Jagd müden und nun badenden und ruhenden Diana, die
von Apoll und der Muse Calliope besucht wird[27]. Anders als bei Horaz sind die
Götter in überreicher Zahl eingeführt. Den Schluß bildet das Bild der an der Quelle
singenden Calliope. Die poetische Fiktion ist bruchlos durchgehalten.

Parthenopaei sive Amorum liber II 6
Laudes Casis fontis
Casis, Hamadryadum furtis iucunde minister
    et cupidis rupes semper amica deis,
ad quem saepe sui linquens secreta Lycaei
    Pan egit medios sole calente dies
Maenalioque tuos impleuit carmine montes   5
    et septem cecinit fistula blanda modos,
cum passim iunctaeque manus et bracchia nexae
    ducebant placidos Naides ante choros
carpebantque hilares iuxta uirgulta capellae
    haedus et in molli subsiliebat humo;   10
quin etiam defessa iugis siquando Diana
    egit praecipites per caua saxa feras,
hic posuitque latus uiridique in margine sedit
    et uitreo flauas lauit in amne comas:
te Bacchus, te Phoebus amant, tibi carmina nymphae   15
    dulce canunt, tibi se comit amata Dryas,
Paelignosque suos siquando et rura relinquit,
    lassa subit fonti Calliopea tuo
et lenem querula carpit sub fronde quietem,
    qua cadit arguto murmure lympha fugax .   20
        (Carmina (Ecloghe - Elegie - Liriche), a cura di J. Oeschger, Bari
        1948

Pontano bedient sich auch weiterhin des antiken Kolorits, doch gelingt gerade
durch die Einführung der mythischen Gestalten die Verlebendigung und Versinn-
lichung der Quellen-Szenerie. Im *Eridanus* (II 23) lädt der Flußgott Sebethus die
Nymphe Labulla zu einem Stelldichein auf einer blumenreichen Wiese, an Quelle
und Fluß ein. Im *Meteorum liber* (v. 1413 ff.) schildert er das ausgelassene Spiel
der mutwilligen Nymphen, die nicht daran denken, sanft den durstigen Wanderern
Wasser zu spenden, sondern es im Schwall in den mächtigen Fluß lenken. Sie
selbst ziehen im Reigen durch die Wiesen, geschützt von Busch und Schatten,
stimmen Lieder an oder tollen nackt im Fluß umher, sie schwimmen, springen, tau-
chen und halten lüsterne Götter, die ihnen ins Wasser nachspringen, zum Narren.
Die antiken Halbgötter waren wie noch lange Zeit in der Malerei das Medium, das

---

[27] Vgl. Stracke (1981) 22, 93 ff., 100.

die Darstellung nackter Schönheit und ungezügelter Erotik erlaubte. Das Wasser, das Pontano in ständiger Variation von Sache und sprachlichem Ausdruck zu schildern versteht, verleiht der Schilderung der Körperlichkeit zusätzlichen Reiz[28].

Meteorum liber: Fabulose de fontibus.
Nec uero faciles nymphae, quis flumina cordi
et sacri fontes atque antra liquentia riuis,
non ipsae dulces latices, non larga ministrant 1415
pocula, non gratas longe sitientibus undas.
Ergo nudatis pedibusque et pectore nudo
coeruleae per stagna agitant liquentia nymphae,
alternisque implent undantes roribus urnas,
alternis simul effundunt: tum murmure magno 1420
it praeceps per saxa sonans spumantia riuus,
mox crescens findit tacito plana aequora cursu.
Nunc fessae laetas ducunt per prata choreas
arboribus tectae ac circumuariantibus umbris,
nunc tenues mulcent gratis concentibus auras, 1425
aut amne in medio ludunt uitreisque sub undis
lasciuae alternant agiles per brachia motus,
lubricaque intorquent niueis uestigia plantis.
Enatat haec leuesque manus et brachia monstrat,
aut tenerum latus aut molles cum poplite suras; 1430
desilit illa petens imum splendetque sub undis
marmoreum femur et ceruix argentea et illae
deducunt coelo diuos quae ad furta papillae;
mox resilit flauumque caput nigrantiaque effert
lumina, tum niueo quae purpura fulget in ore. 1435
Hic aliquis cannosa latens post flumina pastor,
agrestis deus et Satyrorum e stirpe procaci,
concepit postquam ardentem sub pectore flammam,
huc illuc oculos agit et suspiria ducit
insertatque caput cannis refugitque uideri, 1440
dumque uidet frigetque simul feruetque cupitque
desperatque audetque feroxque libidine in undas
desilit atque cadens sonitum dedit. At chorus antrum
attonitus petit et latebris sese abdit opertis:
ipse deus uano frustratur gaudia tactu. 1445
(Poeti Latini del Quattrocento, ed. F. Arnaldi, 776)

Pontanos 68 Verse umfassende Elegie auf den Flußgott Sebethus (Sebeto in Neapel, wo Pontano seit 1448 lebte), in der er eine Verwandlungssage im ovidischen Stil erzählt, leitet er nach properzischem Vorbild mit einer apologetischen Abwehr der hohen Gattung Tragödie ein; die Quelle ist Symbol der kleinen eigenen Dichtgattung, gleichzeitig idyllischer Ort des Erzählens und Stoff der Erzählung. Hier hat offenbar Petrarcas Wiederbelebung des topischen Musenorts in Verbin-

---

[28] Zur Sinnenhaftigkeit und Erotik der Dichtung Pontanos vgl. Stracke (1981) 85 und 110 f. Sinnliche Fülle gewinnt Pontanos Dichtung vielfach aus der Angleichung an Formen und Klangmittel des italienischen Volksliedes, vgl. Spitzer (1955). Aber gerade in seinen Quellendichtungen ist davon nichts zu spüren.

dung mit der realen Szenerie einer Quelle seiner Heimat Nachfolge gefunden. Aber der Formenschatz ist auch hier noch gänzlich antikisierend[29].

Parthenopaeus sive Amorum liber II 14
Ad Musam. De Conversione Sebethi in fluvium

O nec docta nimis necdum satis apta cothurno
    Musa, sed ad teneros ingeniosa sales:
digna Amaranteis crines intexere sertis
    et madidam Assyrio tingere rore comam
ac gelidos circum fontes, per gramina laeta   5
    uirginibus mixtos ducere nata choros:
dum licet et uirides suadet decedere in umbras
    Phoebus et argutum concitat aura nemus,
huc placidum ad fontem ripae subeamus opacae,
    qua sua Sebethos candidus arua rigat.   10
Hinc non uulgatos fontis referemus amores,
    quos legat in nomen Fannia nata meum.
Amnis, harundinea uelans tua tempora mitra,
    et dolor et carae Doridos aptus amor:
quis tua tam riguo mutauit membra liquore?   15
    Nunc amnis, certe candidus ante puer.
        (Carmina (Ecloghe - Elegie - Liriche), a cura di J. Oeschger, Bari
        1948)

Neue Entwicklungstendenzen zeigen sich in zwei weiteren Gedichten Pontanos, einem Epyllion und einer Klage-Elegie. In dem Epyllion erzählt er, angeregt von zwei Versen von Vergils *Eklogen* (ecl. 6, 43 f.) und der *Hylas-Elegie* des Properz (I 20), die Geschichte des Hercules, der während der Argonautenfahrt im Lande der Myser bei der Jagd eingeschlafen ist, während sein schöner Liebling Hylas umherstreift, an einer Quelle von den Nymphen entdeckt und unter Wasser gezogen wird. Den Schluß bildet die Klage des Hercules. Die Quellen-Szenerie ist in eine längere Handlung eingebettet, die von starken Kontrasten zwischen Abenteuer, Pathos, Rührung und Komik geprägt ist. - Das Epyllion als größere poetische Form erlaubt nun auch, die Ekphrasis der Quelle zu verselbständigen und mit zahlreichen Details zu füllen: unter einem Schattendach aus dichtrankenden Reben die silberhelle Klarheit des Wassers[30], in dem weiße und rote Steine aufgewirbelt werden oder auch nur der bunte Sand zu sehen ist. Lichtreflexe laufen über das klare Wasser, Schatten, ja Zweige und Laub scheinen auf der Oberfläche zu schwimmen; die Sonne läßt durch schmale Ritzen unstete Lichter aufleuchten, der Schatten wechselt je nach dem Lufthauch. Leises Blätterrauschen zieht durch den Wald. Dazu erwähnt Pontano die Topoi von Vogelsang, Duft und Farbe von Frühlingsblumen. Wohl ist die Ekphrasis-Technik antik; von fern mag die Beschreibung des Wassers in der *Mosella* des Ausonius eingewirkt haben; aber die Details verraten doch eigene sinnliche Erfahrung von Licht, Geräusch, Farbe und Duft ei-

---

[29] Der *Sebethus* ist nach Kidwell (1991) 267 vor 1459 geschrieben.

[30] Zu dem horazischen *uitreus* tritt das Attribut *argenteus*, von dem aus später die französische Dichtung *argentine* als Ersatz für das unübersetzbare *uitreus* bildete.

nes frühlingshaften Waldes. In der Fähigkeit zur Schilderung flüchtiger Sinneseindrücke ging offenbar die lateinische Dichtung der nationalsprachlichen voran.

Hercules et Hylas

Inuitat somnos labor et uicinia fontis   13
umbraque textilibus circum uariata corymbis.
Ipse autem fons perspicuis argenteus undis: 15
albescunt imo sparsi rutilantque lapilli,
quos huc illuc subsiliens uomit unda. quiescunt
mox illi, pictaque solum uariatur arena.
Laetantur uitreis errantia lumina in undis.
In summo natat umbra, natant ramique comaeque   20
frondentes; sol per tenues uaga lumina rimas
irradiat; uariant umbrae uariantibus auris.
Pendula per nitidum currunt umbracula fontem,
murmuraque in solis strepitant resonantia siluis,
quae lenis mouet aura, mouent recinentia ramis   25
ora auium, et uario resonant caua guttura cantu.
At circum atque ipso crepitantis margine riui
uer halat, roseusque decor se fundit ad auras,
liliaque in uiridi spirant canentia thyrso,
et memor ingratam moeret Narcissus ad undam.   30
Tum uiolae e patulis redolentia munera ramis
praetendunt laetos flores implexaque serta
spirantis rarum ueris decus...

      (Io. Iovianus Pontanus, Urania seu de stellis libri quinque.
      Meteorum liber unus etc. Florentiae 1514, fol. 104 r)

Die zweite der Elegien auf die Quelle Casis verrät eigenes Erleben, wenn auch dieses von ständigen Reminiszenzen an antike Literatur und antiken Mythos durchsetzt ist. Pontano war im Dienst Königs Alfons von Aragonien 1449 in Campanien tätig und dort erkrankt. In der Klage-Elegie vergegenwärtigt sich Pontano die kühle Quelle seiner Heimat, nach deren Erquickung er sich in seiner Fieberglut sehnt. Sein Zustand läßt ihn am Anfang und Ende der Elegie ein detailreiches Bild der schönen Quelle evozieren, ja er glaubt in seinen Fieberträumen daraus zu trinken. Die Quelle ist nur noch Produkt der dichterischen, ja fieberkranken Imagination. Auch hierin lassen sich Einflüsse des Petrarkismus erkennen, der sich in Italien seit dem frühen 15. Jahrhundert und besonders bei Boioardo bemerkbar machte.[31] Doch der Mittelteil entwickelt in gelehrter Anspielung an Horazens Bandusia-Opfer die Vorstellung eines heidnischen Ritus und erzählt eine Metamorphose im Stile Ovids: Pontano beklagt sich, er sei krank geworden, obwohl er der Quelle so oft Opfer dargebracht und ihre Ursprungssage erzählt habe, wie nämlich der Casis-Quell aus einem Mißgeschick (*casus*) des himmlischen Mundschenken Ganymed entstanden sei.

Parthenopaei sive Amorum liber II 5

---

[31] Vgl. Hoffmeisters (1973) 6, der aspektreiche Begriffsbestimmungen des Petrarkismus liefert, 1 f., 14 ff.

Casim fontem aegrotus alloquitur
Rura tuis qui nostra rigas umentia lymphis,
    quam procul hei misero nunc mihi, Casis, abes!
Tu nunc muscosa placidus sub rupe uagaris
    redditur et fluxu lenior aura tuo
altaque praetexit uirides tibi populus umbras   5
    et mille in foliis dulce queruntur aues;
at me nunc tristi fessum Campania morbo
    detinet, et uenas urit anhela sitis,
nec prodest uiridi totiens te ornasse corona,
    cinxisse et capiti plurima serta tuo,   10
nec prodest dulcis totiens cecinisse querelas,
    numinis et causas edocuisse tui:
Namque dies aderat, sceptrum quo cepit Olympi
    Iuppiter, hoc diuis prandia lecta dabat.
Tum puer Idaeus, dum pocula grata ministrat   15
    spectaturque suo digna rapina Ioue
atque inter mensasque deum laudesque superbit
    et tanto facies conscia teste placet,
incautus labente gradu carchesia fudit,
    multus et e patera fluxit hiante liquor,   20
qui praeceps summa coeli de parte uolutus
    in terras larga constitit uber aqua.
Ad quae subridens genitor: "Monumenta manebunt
    certa, puer, casum testificata tuum;
amnis erit, qua nunc grati effluxere liquores,   25
    Casis erit fonti nomen honosque tuo."
Oscula tum puero raptim libauit, at illi
    fulsit sidereus sparsa per ora color '.
Has ego blanditias, memini, cantare solebam
    fusus ad herbosae fluxile murmur aquae;   30
at tu longinquos nimium summotus ad Vmbros
    Aoniae nunc es immemor ipse lyrae,
nec mihi nunc solito praebes de margine riuos,
    arida nec suetus temperat ora liquor,
solaque languentis sensus mihi restat imago,   35
    cum mens furtiuas aegra requirit aquas.
Interdum somno dulcis haurire liquores
    et madido uideor pellere ab ore sitim:
haec mihi dat somnus solacia, dum Canis ardet
    et graue siccatos sidus hiulcat agros.   40
At uos, Pierides, uestro succurrite uati
    (profuerit fontes saepe bibisse sacros),
uos mihi Persephonem cantu placate; moueri
    namque potest: mouit Bistonis ante lyra.
       (Carmina (Ecloghe – Elegie – Liriche), a cura di J. Oeschger,
       Bari 1948)

Diese Verbindung antiker Quellen-Topoi mit eigenem Landschaftserleben zeigt sich auch in der etwa gleichzeitigen *Feronia–Elegie* des J a n u s P a n n o n i u s (1434-1472), der, obwohl gebürtiger Ungar, wegen seiner Ausbildung in Ferrara und Florenz und weiterer langjähriger Italienaufenthalte den lateinischen Dichtern Italiens zuzurechnen ist.

Janus Pannonius begrüßt die Feronia-Quelle, die er bei der Rückkehr von Rom besucht, in feierlich epischem Stil, paraphrasiert mit gelehrten Anspielungen die heiße Mittagsstunde, bittet um einen durststillenden Trunk, dankt mit einem Segenswunsch und fragt nach der Ursache der erquickenden Kraft dieses Quellwassers - somit ist die abschließende aitiologische Erzählung schon vorbereitet.

Naiadum italicarum Principi divae Faeroniae
deuotus hospes, Ianus Pannonius cecinit, in reditu ex urbe Non. Juniis 1458

Sacri fontis ave mater Faeronia[32] quoius
    felix Poeonias Narnia potat aquas.
Iam prope litorei tetigit sol bracchia cancri,
    sentit et Icarium feruida terra canem.
Tolle sitim, saeuis tulerat Langia[33] Pelasgis   5
    quae nostra exurit pectora, tolle sitim.
Sic tibi magna parens alimenta aeterna ministret,
    sic numquam uena pauperiore fluas.
En semel, en iterum, quos ferrea fistula fundit,
    excipiunt latices guttura sicca tuos.   10
O quantus rediit membris uigor: o mea quanto
    uiscera diuinus liberat igne liquor?
Nec uenter quamuis repetito immurmurat haustu,
    sudorem subitum nec grauis humor agit.

Erst jetzt ist sein Blick frei für die auf der Wanderung durchmessene Landschaft. Wie Horaz verspricht der Dichter ein Bocksopfer, eine Weinspende, Blumen und einen Lobgesang.

Ergo operae nobis pretium fuit, alta labantes   15
    ad iuga cliuoso tramite ferre gradus.
Iam libet et pulchram mirari turribus arcem,
    quae surgit sanctis proxima gurgitibus,
audire et strepitum, quem subter, ualle profunda,
    spumea sulfurei fluminis unda facit,   20
ac totos circum lustrare ex ordine montes,
    pura salutiferi quos fouet aura poli.
Ante uoluptatem spectacula nulla mouebant,
    cum premeret torrens ora perusta uapor.
Ocyus huc adsit toto grege pinguior hoedus,   25
    mutet et effusus uitrea stagna cruor.
Adsint et liquido Bacchi cum munere flores,
    nec cesset laudes uox resonare pias.

Ein zweiter hymnenartiger Anruf (*Salue iterum..,.v. 29*), der alle obligaten Elemente des antiken Gebets einschließlich der Aretalogie und erneuter Versicherung dauernder Verehrung enthält, leitet schließlich zur Erklärung der Heilkraft des

---

[32] Vgl. Horaz, sat. I 5,24.

[33] Vgl. Statius, Theb. IV 680 ff., der Name IV 51, 718 und 776.

Quellwassers mittels einer aitiologischen Sage über, die recht willkürlich aus Vergils *Aeneis* entwickelt ist.

> Salue iterum e Latiis longe celeberrima nymphis
>   hospitis et grati suscipe dona libens.   30
> Tu placidam miseris requiem mortalibus affers,
>   corpora tu rapidis febribus aegra leuas.
> Nec soli debent homines tibi, debet et aether:
>   aurea cum pascas roribus astra tuis.
> Phryx puer[34] haud alias miscet cum nectare lymphas,   35
>   nec sua Mars alio uulnera fonte lauat.
> Debita soluentur semper tibi uota quotannis,
>   dum mea uitalis spiritus ossa reget.
> Nec plus Castalias, quam te, uenerabimur undas,
>   Musarum et nobis numinis instar eris.   40
> Sed tamen in fessas unde haec medicina medullas
>   omnia quae nobis, dicite, quaeso, deae?
> Euander[35] ternis Erylum spoliauerat armis
>   crudeles genitrix inuocat orba deos:
> Iupiter et flentem caelo miseratus ab alto,   45
>   corpus et in tenues jussit abire lacus.
> Nec uoluit riuis esse ex uulgaribus unum,
>   sed superis magno fecit honore parem,
> praecipua hinc leuitas: hinc uis contraria morbis,
>   hinc clarum tota nomen in Ausonia.   50
>> (Iani Pannonii Quinquecclesiensis Episcopi Sylva panegyrica ad Guarinum Veronensem, praeceptorem suum. Et eiusdem epigrammata numquam antehac typis excusa, Basileae 1518, p. 47, korr. nach A. Budik, Leben und Wirken der vorzüglichsten lateinischen Dichter des XV. - XVIII Jahrhunderts..., I. Wien 1827, S. 134, 136, 138, wo v. 13 f. fehlen !)

Pannonius' panegyrische Elegie ist recht schulmäßig gegliedert und überrascht durch die Unbekümmertheit, mit der nicht nur der gesamte Vorrat antiker Quellen- und Gebetstopoi ausgebreitet ist, sondern sogar der heidnische Ritus des Tieropfers für die Quelle gestattet gewagt ist.

Nicht ohne Witz ist seine Abschiedsanrede an das heimatliche Chrysium (Crisul), in der er sich zuallererst an die warmen und schwefligen Heilquellen wendet:

> Abiens ualere iubet sanctos reges Waradini (Oradea)
> ergo uos calidi ualete fontes   19
> quos non sulphurei grauant odores
> sed mixtum nitidis alumen undis
> uisum luminibus salubriorem,
> offensa sine narium ministrat.

---

[34] Gemeint ist der von Juppiters Adler in den Olymp entführte Ganymedes.

[35] Vgl. Vergil, Aen. 8, 563-567.

(F.J. Nichols, An Anthology of New-Latin Poetry, Yale UP 1979, p. 198)

Origineller und dezenter als Janus Pannonius wußte der neapolitanische Dichter J a c o p o   S a n n a z a r o (Actius Sincerus Sannazarus) (1458-1530)[36] antike Reminiszenzen in seine von persönlichem Erleben und christlich geprägtem Heimatgefühl bestimmte Dichtung einzubeziehen.

Sannazaro ruft im Proöm seines christlichen Epos *De partu Virginis* nach einem christianisierten Inspirationstopos, der sich nachdrücklich an den Beginn der vergilischen *Aeneis* anlehnt, unbekümmert die Musen mit ihrem Ambiente wie Quelle, Felsen und Bergwald an.

> *De Partu Virginis I, 1*
> Virginei partus magnoque aequaeua Parenti
> progenies, superas caeli quae missa per auras
> antiquam generis labem mortalibus aegris
> abluit obstructique uiam patefecit Olympi,
> sit mihi, Caelicolae, primus labor: hoc mihi primum   5
> surgat opus; uos auditas ab origine causas,
> et tanti seriem, si fas, euoluite facti.
> Nec minus, o Musae, uatum decus, hic ego uestros
> optarim fontes, uestras, nemora ardua, rupes.
>
> (Actii Synceri Sannazarii De partu Virginis libri III, eiusdem de morte Christi lamentatio, Venetiis 1533, fol. 1 r)

Antikisierend gefärbt ist auch ein Epigramm[37] über eine morgendliche Bergbesteigung und ein abendliches Bad im Meer. Die mythische Szenerie des Epigramm-Eingangs dient nur als Gleichnis für den Tageslauf des Menschen, der morgens frisch in die Berge eilt, jedoch abends die Kühle der Talquellen sucht. Die Struktur des Gleichnisses läßt den an mittelalterlicher Dichtung geübten Leser eine christliche Allegorese des Sonnen- und Tagesablaufs erwarten, doch trotz deutlicher Signale (v. 5 *causa patet;* v. 9 *hinc adeo natura hominum*) verbleibt Sannazaro konsequent in der Ebene äußeren Geschehens.

> *Epigrammatum l. I*
> De mane et uespere
> Sol iubet exoriens Faunos Dryadasque puellas
> quaerere et herboso ducere monte choros.
> Decliuis uitreas suadet descendere ad undas
> Doridaque et lusus, o Galatea, tuos.
> Causa patet: quia, sublimeis cum tendit in arces,   5
> nos quoque per saltus et iuga summa rapit.

---

[36] Über Sannazaros lateinische Oden und Epigramme vgl. Kennedy (1983) 59-72, über *De partu Virginis* 182 ff, über die Vergilimitation 189 ff, über das Proömium zu *De partu Virginis* 192.

[37] Die Epigramme entstanden angeblich vor allem 1482-3, tatsächlich über einen längeren Zeitraum und wurden erst postum, 1535, veröffentlicht, vgl. Kennedy (1983) 60-68.

cum uero Hesperios petit imae Tethyos amneis,
   exemplo ad fonteis nos uocat ipse suo.
Hinc adeo natura hominum loca mane requirit
   ardua, caeruleis uespere gaudet aquis. 10
      (Gruterus, Delitiae CC Italorum Poetarum, II, 1608, p. 722)

Erst in den zehn sapphischen Strophen seiner Ode auf die Quelle von Mergellina verbindet er Antikes mit Christlichem, eigenes Erleben mit familiärem und lokalem Brauch zu einem gänzlich neuen Entwurf[38]. Nur der Eingang dieses lyrischen Hymnus und das Versprechen, die Quelle durch Bekränzen zu verehren, erinnern direkt an Horazens *Bandusia*, aber er folgt auch weiterhin dem Stil der horazischen Ode. Sannazaro besingt das Wunder der einzigen Quelle, die sich am Steilufer des Meeres befindet (seit Plinius kennen wir das thaumasiologische Motiv der Quellen-Literatur) und vom Volk mit heiligen Binden und Blumenkränzen kultisch verehrt wird. Besonders verehrt sie Sannazaro, da sie seinem Namenspatron geweiht ist. Die Familie des Dichters hat dort einen Tempel und einen Altar für den alljährlichen Namensfesttag am 28. Juli errichtet. Die Sakralisierung geht also von der Quelle auf den Ort eines christlichen Heiligenkults über (v. 25 und 33); die antiken Motive haben einen neuen poetischen Ort gefunden. Diese Konzeption wiederholt sich in der Schlußbitte an S. Nazaro, die ihm heilige Quelle (v. 10) oft zu besuchen - die Anlehnung an Horazens Bitte an Pan im *Lucretilis-Gedicht* (c. I 17) ist offenbar und doch neu motiviert.

       Epigrammata I 42
       De fonte Mergillines
  1. Est mihi riuo uitreus perenni
     fons arenosum prope litus, unde
     saepe discedens sibi nauta rores
       haurit amicos.

  2. Vnicus nostris scatet ille ripis,   5
     montis immenso sitiente tractu,
     uitifer qua Pausilypus uadosum ex-
       currit in aequor.

  3. Hunc ego uitta redimitus alba
     flore et aestiuis ueneror coronis,   10
     cum timent amnes et hiulca saeuum
       arua Leonem,

  4. antequam festae redeant calendae
     fortis Augusti superentque patri
     quattuor luces, mihi tempus omni   15
       dulcius aeuo,

  5. bis mihi sanctum, mihi bis vocandum,
     bis celebrandum potiore cultu,
     duplici uoto geminaque semper
       thuris acerra.   20

---

[38] Zum Thema der Quelle im Rahmen der bukolischen Naturidylle in Sannazaros *Arcadia* vgl. Monga (1974) 120.

6. Namque ab extremo properans Eoo,
    hac die primum mihi uagienti
    Phoebus illuxit pariterque dias
       hausimus auras.

7. Hac et insigni peragenda ritu   25
    sacra solennes ueniunt ad aras
    Nazari, unde omnes tituli meaeque
       nomina gentis,

8. Nazari uastas cohibentis undas
    ·aequoris saeuosque domantis aestus,   30
    quicquid et uani truculenta iussit
       ira Neronis.

9. O decus coeli simul et tuorum,
    rite quem parua ueneramur aede,
    cui frequentandas populis futuris   35
       ponimus aras:

10. si mihi primos generis parentes,
    si mihi lucem pariter dedisti,
    huc age et fontem tibi dedicatum
       saepe reuise.   40
           (Actii Synceri Sannazarii De partu Virginis libri III eius-
           dem....odae Venetiis 1533, fol. 73 v.)

In A n g e l o A m b r o g i n i P o l i z i a n o s (1454-1494) Bearbeitungen
des Quellen-Themas begegnen wir ebenso philosophischen wie launig-geistvollen
Variationen antiker Formen und Motive[39]. Im *Rusticus*, dem poetischen Vorspruch
zu seiner 1483 gehaltenen Vorlesung über Vergils *Georgica*, lobt er unter ausgiebi-
ger Benutzung antiker Topoi das Leben der Hirten und Bauern, die zwar keinen
Palast besitzen, aber um so glücklicher die ländliche Idylle in bebauter und freier
Natur genießen. In dieses an den Schluß von Vergils zweitem *Georgicabuch* (513-
531) angelehnte Lob des Landlebens ist die Ekphrasis einer Quellen-Szenerie eingelegt, die in antiker, freilich nicht vergilischer Manier von Faunen, Satyrn und dem
Hirtengott Pan belebt ist. Die Absicht, Gelehrsamkeit zu beweisen, läßt die Dichter
der Renaissance oft über das poetische Maß der antiken Dichtung hinausschießen.
Dennoch stellt sich hier in der Verbindung antiker halb wilder, halb göttlicher Gestalten mit Wunschvorstellungen des *locus amoenus,* die sich in der Szenerie der
schönen Quelle zum Symbol verdichten, ein Ideal naturnahen, paradiesisch-reichen
und doch anspruchslosen Lebens dar.

    Sylvae II: Rusticus (1483)
    Textile nec tenero subtegmine fulgurat aurum ...   301
    at iacet in molli proiectus cespite membra,   305
    qua cauus exesum pumex testudinat antrum,
    quaue susurranti crinem dat aquatica uento
    arbor et aut calamos aut fixa hastilia iungit
    cortice, statque leui casa frondea nisa tigillo,

---

[39] Maïer (1966) behandelt von den hier interpretierten Gedichten nur *Sylvae* II.

24

quam metuant intrare pauor curaeque sequaces,   310
sub qua iucundos tranquillo pectore sensus
nutrit inabruptoque fouet sua corpora somno,
siluarum et pecoris dominus: stant sedula circum
turba canes, audaxque Lacon acerque Molossus.
dant ignem extritum silices, dant flumina nectar   315
hausta manu, dat ager Cererem: non caseus aut lac
lucorumue dapes absunt: stat rupibus ilex
mella ferens trunco plenoque cacumine glandem.
illi sunt animo rupes frondosaque tesqua
et specus et gelidi fontes et roscida[40] Tempe   320
uallesque Zephyrique et carmina densa uolucrum
et Nymphae et Fauni et capripedes Satyrisci
Panque rubens et fronte cupressifera Siluanus.
          (Prose volgari edite e inedite e Poesie latine greche edite e inedite
          di Angelo Ambrogini Poliziano, raccolte e illustrate da Isidoro del
          Lungo, Firenze 1867, Ndr. 1976, 319)

Als witziger Epigrammatiker und Kenner der griechischen und lateinischen
Epigraphik zeigt sich Poliziano in den sieben Distichen auf Argus, der ihn böswillig
vom Trunk aus der Quelle fernhält, statt nur die Schweine, Kühe und wilde Tiere
abzuwehren. Was nütze es, das Wasser zu verweigern, das doch nur von den Bauern aufgewühlt werde und bald versiegen müsse? Poliziano hat die Quellen-Motive
geistreich in die Form des Paraklausithyrons umgeformt.

          Epigrammata Latina LVIII: In Argum
     Quid tibi uis gelidos seruans, uigil Arge, liquores,
          quid nitidum ad fontem ferre gradum prohibes?
     Obscaenos hinc pelle sues, armenta ferasque:
          non peto membra istis fontibus abluere.
     Non lymphas turbare paro, da tinguere fauces: 5
          exiguo liceat rore leuare sitim.
     Hostibus hoc Langia dedit, potumque uetantes
          ruricolae in nigro gurgite nunc saliunt.
     Quid quod adest aestas? quid quod sitis ipse? Volensque
          supplicio infelix Tantaleo frueris?   10
     Ista quidem diues, sed non est uena perennis,
          iam custoditas perbibet[41] aestus aquas.
     Quod serues, nil postmodo erit. Quid inepte moraris?
          Vnda perit, bibe tu uel sine quaeso bibam.
          (Prose volgari..., 142)

Wieder einer witzigen Transposition begegnen wir in seinem in Form der horazischen Epode gehaltenen Entschuldigungsbrief an seinen Freund[42], den Rhetor
und Dichter Alessandro Cortesi (1448-1498), der ihn in Florenz besuchen wollte,
als Poliziano gerade in ländlicher Idylle (in der mediceischen Villa Cafaggiuolo) die

---

[40] *rosida* Del Lungo

[41] *prohibet* Del Lungo *contra metrum*

[42] Über Polizianos Freundschaftskult vgl. Maïer (1966) 145-152.

Sommerhitze überstand. Aber nun ist ihm die ganze Idylle verhaßt. Alle Topoi der
Quelle und der bukolischen Idylle werden zornig aufgezählt; selbst das sonst so
liebliche Rauschen des Wassers wird als störend empfunden. Wir werden weiteren
Beipielen geistreicher oder aus momentaner Gestimmtheit verursachter Motivum-
wertung begegnen.

Ode ad Alexandrum Curtesium adolescentem bene literatum,
qui, ut Politianum videret, Florentiam petierat, cum ille se commodum in
Cafasolanum contulisset.

Nil me iam patula iuuat
    saeuo letiferum lumine Sirium
deuitare sub ilice,
    exceptum torulo gramineo caput
bullantem prope riuulum.   5
    Iam sordet tremulo murmure palpitans,
illabens aqua calculis,
    longis Dauliados garrula questibus,
iam sordent auiaria.
    Nil blandum est oculis, nil placet auribus.   10
Odi rura, nemus, cauam[43]
    et uallem et Zephyros et gelidos specus.
O qui moenibus inferat
    iam me, o qui medio sistat in atrio
urbani cupidum laris,   15
    Curtesi o placido qui locet in sinu.
Cur mi non teneros datur
    totis uersiculos imbibere auribus
coram dulciter asperos?
    cur dextrae cupidam iungere dexteram?   20
Tu me dulcis amicule ,
    tu uisum propera. O saeua necessitas,
o cur frangere compedes,
    detrectare mihi cur iuga non licet?
Sed quid fundere iam iuuat   25
    nequiquam ad superos tot querimonias?
Sors cuique est sua, coelitus
    dependens homini, quinetiam Iouem
urget dura necessitas.
    Quod Parcae annuerint, haud reuocabile est.   30
    (Prose volgari..., p. 266)

L o d o v i c o A r i o s t o (1474-1533) ist es gelungen, in seiner Ode *Ad
Philiroen* in vier alkäischen Strophen den Typ des horazischen Einladungsgedichts,
gespeist v.a. aus Horaz (c. II 11, I 17 und 26), in die eigene Zeitlage (1493 oder
1494) zu transponieren. Im Krieg Karls VIII. gegen Italien (1483-1498) hat sich
der Dichter aufs Land zurückgezogen und will dort, unbekümmert um die drohenden Gefahren, an einer Quelle mit seiner Geliebten feiern. In diesem erotisch-sym-
potischen Gedicht, zu dem er noch eine erweiterte Version (c. 1bis) geschaffen hat,

---

43 *nemus cavam* Carmina...ed. Toscanus 1576 : *nemusque* Del Lungo *praeter metrum*

ist die Quelle oder der plätschernde Bach nur ein Element der Szenerie, die als Gegenbild des drohenden Kriegsgeschehens entworfen wird. Aber sie wird auch von anderen Dichtern als Symbol heiteren und sorglosen Lebensgenusses empfunden.

   Ad Philiroen (c. 1)
 1. Quid Galliarum nauibus aut equis
   paret minatus Carolus asperi
    furore militis tremendo
    turribus Ausoniis ruinam,

 2. rursus quid hostis prospiciat sibi,   5
   me nulla tangat cura, sub arbuto
    iacentem aquae ad murmur cadentis,
    dum segetes Corydona flauae

 3. durum fatigant, Philiroe, meum.
   Si mutuum optas, ut mihi saepius   10
    dixisti, amorem, fac corolla
    purpureo uariata flore

 4. amantis udum circumeat caput,
   quam tu nitenti nexueris manu,
    mecumque cespite hoc recumbens 15
    ad citharam canito suaue[44].
    (Ludovico Ariosto, Opere minori, a cura di Cesare Segre, Milano/ Napoli o.J., p. 56, La Letteratura Italiana, Storia e testi 20)

Zum Thema der Quelle im Rahmen der Hirtendichtung leitet der *Pastorum chorus* des P i e t r o B e m b o (1470-1547) über. Bembo hat als Form nicht die der vergilischen Ekloge gewählt, sondern einen Hirten-Chor, der einen Hymnus auf Pan in 15 hendecasyllabischen Viervers-Strophen mit zweiversigem Refrain singt. Die in der 13. Strophe ausgesprochene Bitte um einen immer fließenden Bach hält sich an die konventionellen Quellen-Motive; die Wunschform erinnert an Horazens ähnliche Bitte am Anfang der Satire II 6 (v. 1-3).

   Pastorum chorus
 Tum fons uitreus et perennis unda   73
 festinans placido sonet susurro,
 quo sitim ueniat meridiemque
 umbrosa pecus eleuare ripa.
 pastores tua turba te rogamus,
 nos et res tueare, Diue, nostras.
   (Petri Bembi carminum libellus, Venetiis 1552, p. 5)

Bevor wir uns nun der erfolgreichsten Neuschöpfung, der Kurzelegie - oder soll man sie ein langes Epigramm nennen? - *Et gelidus fons est* des A n d r e a N a v a g e r o (1483-1529) zuwenden, sei ein Blick auf eine seiner Eklogen gestattet, die zu der von ihm begründeten und v.a. von Marcantonio Flaminio weiter-

---

[44] *suave* Toscanus : *suavis* Segre

geführten Gattung des *Lusus pastoralis* gehört[45]. Im *Iolas* schildert er in eher konventioneller Form eine Quelle und Grotte, wohin der verliebte Iolas seine Geliebte Amaryllis einlädt.

>   *Iolas*
> Est mihi praeruptis ingens sub rupibus antrum,
> quod croceis hederae circum sparsere corymbis:
> uestibulumque ipsum siluestris obumbrat oliua: 30
> Hanc prope fons, lapide effusus qui desilit alto,
> defertur rauco per leuia saxa susurro:
> Hinc late licet immensi uasta aequora ponti
> despicere, et longe uenientes cernere fluctus.
> Hoc mecum simul incoleres Amarylli, simulque   35
> mecum ageres primo pecudes in pascua sole.
>   (Andreae Naugerii patricii Veneti Lusus, Venetiis 1530, fol. 33 r)

Auffällig ist die Neigung zur Steigerung der Effekte, die sich im Attributzwang äußert. Neu ist allenfalls der Blick von der Quellgrotte aufs Meer; ansonsten gewinnt man den Eindruck einer gelungenen Variationsübung im Rahmen der Bukolik.

Auf die starke Nachwirkung seines ebenfalls in der Sammlung der *Lusus* enthaltenen Quellengedichts hat W.Th. Elwert [46] aufmerksam gemacht.

> Et gelidus fons est, et nulla salubrior unda,
>   et molli circum gramine terra uiret;
> et ramis arcent soles frondentibus alni,
>   et leuis in nullo gratior aura loco est;
> et medio Titan nunc ardentissimus axe est,   5
>   exustusque graui sidere feruet ager.
> siste, uiator, iter, nimio iam torridus aestu es,
>   iam nequeunt lassi longius ire pedes.
> accubitu languorem, aestum aura umbraque uirenti,
>   perspicuo poteris fonte leuare sitim.   10
>   (a.O, fol. 36 r)

Der Erfolg des besonders am Anfang kühl wirkenden Gedichtes ist zunächst schwer erklärbar. Navagero hat die traditionelle Epigramm-Form der Einladung an den Wanderer gewählt (die *Siste-Viator*-Formel ist allerdings bis v. 7 verzögert). Das Gedicht enthält alle Quellen-Topoi und ist mit der sechsfachen *et*-Anapher in denkbar schlichter Reihenform gehalten. Die *Catena* des Schluß-Distichons entspricht eher mittelalterlicher Formkunst. Aber das Gedicht beeindruckt durch seine klare Gliederung und eine unaufdringliche Klimax, die von der Beschreibung der Quelle und der drückenden Hitze zur Einladung an den Wanderer überleitet, dessen Müdigkeit einfühlsam geschildert wird. Das Schlußdistichon faßt alle Motive zusammen und kehrt rondo-artig zum Eingangsthema zurück. Navagero hat sich im

---

[45] Vgl. Maddison (1965) 54 ff.

[46] Elwert (1978) 176 ff.

Gegensatz zu seinen Nachahmern auf die reale Szenerie und das Fühlen von Sprecher und Angeredetem beschränkt und ein Momentbild fast ohne Reflexion und gänzlich ohne gelehrtes Detail geschaffen. Gerade diese Reduktion mußte die Nachahmer zur Ausgestaltung reizen.

L u i g i T a n s i l l o (1510-1568) hat die 10 Verse umfassende Kurz-Elegie Navageros in ein Sonett mit den von der Form her geforderten 14 Versen umgesetzt und sich dadurch die Möglichkeit zur - wenn auch geringfügigen - Erweiterung gschaffen. So ist seine Adaptation in malerischen und emotionalen Details ausführlicher, dem Stil Petrarcas näher; aber er fügt auch antikisierende Gestalten, die müden Nymphen statt des Wanderers, ein.

1. E freddo è il fonte, e chiare e crespe ha l'onde,
   e molli erbe verdeggian d'ogn'intorno,
   e 'l platano coi rami e 'l salce e l'orno
   scaccian Febo, che il crin talor v'asconde.

2. E l'aura appena le più lievi fronde
   scuote, sì dolce spira al bel soggiorno;
   ed è rapido sol sul mezzo giorno,
   e versan fiamme le campagne bionde.

3. Fermate sovra l'umido smeraldo,
   vaghe ninfe, i bei piè, ch'oltra ir non pònno;
   sì stanche ed arse al corso ed al sol sète!

4. Darà ristoro alla stanchezza il sonno;
   verde ombra ed aura, refrigerio al caldo;
   e le vive acque spegneran la sete.
   (Poesia italiana del Cinquecento, a cura di G. Ferroni, Milano
   1978, p. 160 sq.)

P i e r r e d e R o n s a r d (1524-1585) entlehnt nur die knappe Andeutung der Sommerhitze aus Navagero, verknappt aber den Ausdruck aufs äußerste und entlehnt die Anrede des Wanderers, der seine Habseligkeiten der Quelle weiht, dem Weihepigramm des Leonidas von Tarent (Anth. Gr. 9, 326).

Le bocage de 1554
    Vœu d'un chemineur d' une fontaine.
Pour m'estre dedans ton onde,
Fonteine, desalteré
or' que le chien aitheré
de soif tourmente le monde,
j' élève à tes bors champestres   5
en trofée, pour guerdon,
et ma gourde, et mon bourdon,
ma panetiere, et mes guestres.
    (Pierre de Ronsard, Le Bocage de 1554, ed. crit. par P.
    Laumonier, Paris 1932, 14)

Das Sonett des der zweiten Generation der Pléiade zugehörigen Dichters P h i l i p p e D e s p o r t e s (1546-1606) folgt nur im inhaltlichen Aufbau der Elegie Navageros, verleiht aber den Gegenständen mehr Farbe, eigenes Leben und erotische Bedeutung. Ausdrucksverdopplung, Attributzwang und die Vermischung

von Realität und Emotion, die sich vom Beginn der 1. Strophe an bemerkbar machen, streifen das Süßliche[47].

Sonnet III
1. Cette fontaine est froide, et son eau doux-coulante,
   A la couleur d'argent, semble parler d'amour;
   Un herbage mollet reverdit tout autour,
   Et les aunes font ombre à la chaleur brûlante.

2. Le fueillage obeyt à Zephir qui l'évante,
   Soupirant, amoreux, en ce plaisant séjour;
   Le soleil clair de flame est au milieu du jour,
   Et la terre se fend de l'ardeur violante.

3. Passant, par le travail du long chemin lassé
   Brûlé de la chaleur et de la soif pressé,
   Arreste en cette place où ton bon-heur te maine;

4. L'agreable repos ton corps delassera,
   L'ombrage et le vent frais ton ardeur chassera,
   Et ta soif se perdra dans l'eau de la fontaine.
   (Philippe Desportes, Oeuvres, ed. A. Michiels, Paris 1858, p.
   434)

Mit besonderer Liebe hat sich M a r c a n t o n i o   F l a m i n i o   (1498 -
1550)[48] dem Thema der Quelle gewidmet. Mag ihre Zahl und Gattungsvielfalt -
unter den 17 Gedichten gibt es Oden, Epoden, Elegien, Hendecasyllaben, Epigramme, daktylische Hexameter und jambische Trimeter - auf literarisches Spiel
deuten, so lassen doch einige seiner an die heimatliche Quelle gerichteten Ab-
schiedsgedichte eine innere Beteiligung erkennen. Die 22 lyrische Strophen[49] umfassende Klage-Ode *O fons Melioli* ist bekanntlich eine recht getreue Übersetzung

---

[47] Schon die Zeitgenossen spürten in Desportes' Dichtungen zahlreiche 'Plagiate' der
italienischen Dichtung auf, was ihn nicht anfocht, da er sich der künstlerischen Leistung seiner
Adaptation und Umformung bewußt war, vgl. Lavaud (1936) 175 ff. Hoffmeister (1973) 43 spricht
vom preziösen Petrarkismus der *Amours* Desportes', vgl. Mathieu-Castellani (1975) 209 ff; dies.
über den Neo-Petrarkismus Desportes' 220 ff. und über die Verwandlung der Naturszenerie zum
bloßen Hintergrund der erotischen Lyrik 232-239.

[48] Maddison (1965) ist wertvoll für die biographische Eindordnung des poetischen Werks.
Die erste Gedichtsammlung erschien, zusammen mit Gedichten Marullos, bereits 1515 mit einer
treffenden Charakteristik seines Stils: Michael Tarchaniotae Marulli Neniae. Eiusdem epigrammata
nunquam alias impressa. M. Antonii Flaminii adulescentis amoenissimi carminum libellus, Fano
1515.

[49] Die aus je drei Glykoneen und einem Pherekrateus gebildeten Strophen folgen der um
einen Glykoneus längeren Strophe in Catulls c. 61.

von Petracas Canzone nr. 126 *Chiare, fresche e dolci acque*[50].Beide können hier nur im Hinblick auf das Motiv der Quelle gewürdigt werden.

Francesco Petrarca	M. Antonii Flaminii
Canzoniere 126	*liber carminum I 6*: De Delia

Chiare, fresche e dolci acque
ove le belle membra
pose colei che sola a me par donna;
gentil ramo ove piacque
(con sospir mi rimembra)   5
a lei di fare al bel fianco colonna;
erba e fior che la gonna
leggiadra ricoverse
co l'angelico seno;
aere sacro sereno   10
ove Amor co' begli occhi il cor m´ aperse
date date udienza insieme
a le dolenti mie parole estreme.

. . .

Da indi in qua mi piace
quest´erba sì ch´ altrove non ò pace. 64

Se tu avessi ornamenti quant' ài voglia,   66
poresti arditamente
   uscir del bosco e gir infra la gente. //

(Francesco Petrarca, Introduzione e note di P. Cudini, Milano 1974)

1.O fons Melioli sacer
  lympha splendide uitrea,
   in quo uirgineum mea
    lauit Delia corpus,
2. tuque lenibus enitens
  arbor florida ramulis
   qua latus niueum et caput
    fulsit illa decorum
3. et uos prata recentia,
  quae uestem nitidam
   fouistis tenerum uuida
    laeti graminis herba.
4. uosque aurae liquidae aetheris
  nostri consciae amoris, ad-
   este, dum queror atque uos
    suprema alloquor hora.

21. Illo ex tempore frigerans
  fons, et prata recentia, et
   arbor florida sic mihi
    mentem amore reuinxit.
22. ut seu nox tenebris diem
  pellit, seu rapidum fugit
   solem, non alia miser
    unquam sede quiescam. //

Marci Antonii, Ioannis Antonii et Gabrielis Flaminiorum Foro-corneliensium carmina, Patavii 1743)

Zunächst ist die Übersetzerleistung des lateinischen Nachdichters zu bewundern, dem es gelungen ist, die Langstrophen Petrarcas mit sehr genauer Textentsprechung in kürzere Versgebilde zu übertragen, deren beträchtlich knappere Sinneinheiten dem Gedankenablauf der Canzone einen hastigeren Rhythmus verlei-

---

[50] Der Petrarkismus hatte sich besonders dank Pietro Bembo verbreitet, vgl. Hoffmeister (1973) 19 f.

hen mußten. Aber dies ist am Anfang meisterlich gelungen, indem jedem der angesprochenen Naturgegenstände (*fons, arbor, prata, aurae*) eine Strophe gewidmet wird, so daß die von Petrarca in der ersten *strofa* als Zeugen seiner Liebesklage angerufenen Dinge die Grundlage eines viel schärfer, rhetorischer konturierten Aufbaus werden. Die ersten vier Strophen Flaminios entsprechen dreimal drei und einmal vier Versen der ersten *strofa* Petrarcas. Aus den fünf *strofe* müßten sich somit 20 lateinische Strophen ergeben; zusammen mit dem *commiato* scheinen sich folgerichtig die vorhandenen 22 Strophen zu ergeben. Die Entsprechungen sind jedoch nicht ganz exakt, da die einzelnen *strofe* drei bis sechs lateinischen Strophen entsprechen und der *commiato* ganz übergangen ist. Schon dies ist ein Hinweis nicht nur auf Übersetzungsprobleme, sondern auf bewußte Änderungen, die beim genauen Textvergleich noch deutlicher werden[51]. Flaminio mußte sich schon wegen des antiken Versmaßes, das dem Wortschatz enge Grenzen setzt, an Horazens Odenstil anlehnen. Die Entlehnungen sind in der ersten Strophe mit direkten Zitaten aus der *Bandusia-Ode* am offenkundigsten. Auch fernerhin bedient sich Flaminio der poetischen Floskeln der lateinischen Dichtersprache, deutlich in den fast obligaten Attributen (v. 1 ff. *sacer, splendide vitrea, virgineum, florida, niveum, decorum* usw.), mit denen er über Petrarcas Fassung hinausgeht. - Aber die Änderungen gehen tiefer. Daß Flaminios Delia in der Quelle badet, während Petrarcas Laura am Wasser lagernd gedacht war, mag noch als ein Übersetzungsmißverständnis erklärbar sein (*acque ove le belle membra pose* ist oft mißverstanden worden). Aber die Geliebte des antikisierenden Nachdichters ist überhaupt in einer antiken Umwelt gedacht; Flaminio hat konsequent alles Christliche durch antike Gottheiten ersetzt, ja in der 13. Strophe einen Vergleich mit Venus zusätzlich eingeführt und dadurch die Wiedergabe der 4. *strofa* auf fünf Strophen gedehnt. Die Zartheit der Anspielungen Petrarcas und die ihm eigene Emotionalität der seufzerreichen Erinnerung ist einem deutlichen Aussprechen der Leidenschaften gewichen, die auch der Frau zugesprochen werden (*pectore ardeat intimo* str. 10 und *blanda protervitas* str. 18 sind ganz unpetrarkesk). Zum Schluß verlangte das Formempfinden des an antiker Kunst geschulten Nachdichters eine bei Petrarca fehlende rondoartige Wiederaufnahme der Eingangsmotive und damit der Quelle. Erst dadurch wird sie aus einem Eingangsmotiv zum Leitthema. Ist es bloße Willkür, daß dem formvollendeten Gedicht Flaminios der Schlußsatz Petrarcas, in dem er seinem Gedicht die rhetorische Kunst abspricht, fehlt?[52] Baïf hat bekanntlich seiner Adaptation dieser Canzone zusätzlich die Bearbeitung Flaminios zugrundegelegt.

---

[51] Über die Flaminios Umformung der *Canzone 126* vgl. auch Maddison (1965) 68.

[52] Elwert (1981) konnte zeigen, daß die *commiati* von c. 126 und 125, die den Mangel an Form und Schmuck einzugestehen vorgeben, als falscher Bescheidenheitstopos, gerichtet gegen Guido Cavalcantis stolzen *commiato*, zu verstehen sind. Flaminio hat sich (wie viele moderne Interpreten) von dieser Wendung täuschen lassen - in Wirklichkeit lassen sich zahlreiche, aber eben andersartige Mittel des poetischen *Ornatus* in beiden Canzonen nachweisen - und konnte glauben, mit seiner mehr an der Oberfläche liegenden Rhetorisierung den im *commiato* ausgedrückten Mangel behoben zu haben.

Das andere Ende seines Imitationsspektrums bezeichnet das sich an die antike Epigramme anlehnende Gedichtchen in vier iambischen Trimetern, das sich geradezu als Aufschrift an einem Trinkwasserbrunnen gibt:

> *Carminum liber* II 37
> Si te per aestum feruida premit sitis,
> hoc fonte dulci nil salubrius bibes.
> At si lauare frigida corpus iuuat,
> hoc fonte puro nulla lympha gratior.
> (Marci Antonii...Flaminiorum carmina, Patavii 1743)

Bei Flaminio begegnen wir auch der zweiten Bearbeitung des Hercules- und Hylas-Stoffes. In diese Elegie im Gefolge Pontanos ist wiederum eine Quellen-Ekphrasis eingelegt; sie bleibt jedoch konventionell; die Szenerie wird nur knapp angedeutet und mündet in einen topischen Blumenkatalog. Wir können darin kaum mehr als eine Stilübung im Sinn der mittelalterlichen Rhetorik oder Poetik sehen; die Szenerie bleibt ohne sinnliche Evidenz und wird erst durch die Handlung belebt, die mit einer erotischen Nuance, den nackt badenden Nymphen, eingeleitet wird.

> *De Hercule et Hyla*
> At formosus HYLAS taciti per deuia montis   33
> ibat lucidulis sumere fontis aquam.
> Fons erat in silua puris argenteus undis,   35
> quem bicolore tegit populus alta coma.
> At circum Paphiae densant umbracula myrtus,
> et parit assiduas aura benigna rosas.
> Narcissumque crocumque immortalemque amaranthum
> et te flebilibus scriptum, Hyacinthe, notis.   40
> In medio faciles nudato corpore nymphae
> ludebant sparsis per rosea ora comis....
> (Marci Antonii...Flaminiorum carmina, Patavii 1743)

Als gelehrtes Spiel erscheint auch der zwischen 1516 und 1529 entstandene, jedenfalls sehr frühe *Hymnus auf Pan* (c.I 2), der ganz im antiken Milieu verharrt. Wie in der *Hercules-Hylas-Elegie* ist das Quellen-Motiv nur ekphrastische Einlage, jedoch doppelt verwendet. Pan wird als der Herr der freien Natur gepriesen; die Hamadryaden feiern ihn mit Tanzreigen bei einer klaren, von einem Felsen beschatteten Quelle[53].

> *Carminum liber I 2*
> Ergo Hamadryades deae,   66
> limpidis ubi procubat
> umbra saxea fontibus,
> ludunt in numerum et leui
> campos ter pede pulsant.   70
> (Marci Antonii...Flaminiorum carmina, Patavii 1743)

---

[53] Die Strophe ist hier exakt Catulls c. 61 nachgebildet, der Stil folgt jedoch Horaz.

Dann singen sie, wie Mercur sich einst an einer Quelle des Kyllenischen Gebirges mit Dryope verband und Pan mit seinem grotesken Äußeren geboren wurde. Diese Sagenversion konnte Flaminio nur im homerischen Pans-Hymnus (nr. 19) finden.

Seine klassische, sowohl lateinische wie griechische Lektüre erwähnt Flaminio sogar ausdrücklich in einem scherzhaften Einladungsgedicht, dessen 33 Hendecasyllaben von Catull c. 13 angeregt und mit sympotischen Motiven der horazischen Oden und natürlich dem Quellenmotiv angereichert sind. Flaminio lädt einen in der Stadt lebenden Freund ein, mit ihm einen behaglichen Tag bei einer schattigen Quelle zu verbringen. Versprochen werden ihm ein Gelage, Gesang, Tanz und erquickender Schlaf in einer Quellgrotte und schließlich die der Szenerie angemessene gemeinsame Lektüre von Vergils *Eklogen* und Theokrits *Eidyllia*. Obwohl die Quelle selbst und die zugehörige efeu- und lorbeerumrankte Grotte selbst nur einer kurzen, eher topischen Erwähnung gewürdigt werden, ist sie als der Ort, der zu Gesang und Tanz, Muße und Dichterlesung einlädt, die beherrschende Mitte des Gedichts.

Ad Franciscum Turrianum, Carminum liber V 24

```
Per tui Ciceronis et Terenti
scripta te rogo, Turriane docte,
ut postridie adhuc rubente mane,
cum faecundat humum decorus almo
rore Lucifer, exiens Giberti                    5
domo ad me uenias equo citato,
ne tibi igneus anteuertat aestus.
Hic fontem prope uitreum sub umbra
formosi nemoris tibi parabo
prandium Ioue dignum; habebis et lac           10
dulce, et caseolum recentem, et oua
et suaues pepones, nouaque cera
magis lutea pruna, delicatos
addam pisciculos, nitens salubri
quos alit mihi riuulus sub unda.               15
Ad mensam uetulus canet colonus
iocosissima carmina, et coloni
quinque filiolae simul choreas
plaudent uirgineo pede. Inde ocellos
ut primum sopor incubans grauabit,             20
iucundissime amice, te sub antrum
ducam, quod croceis tegunt corymbis
serpentes hederae, imminensque laurus
suauiter foliis susurrat; at tu
ne febrim metuas grauedinemue,                 25
est enim locus innocens. Vbi ergo
hic satis requieueris, legentur
lusus Vergilii, et Syracusani
uatis, quo nihil est magis uenustum,
nihil dulcius, ut mihi uidetur.                30
Cum se fregerit aestus, in uirenti
conualle spatiabimur, sequetur
```

> breuis coena, redibis inde ad urbem.
>   (Marci Antonii....Flaminiorum carmina, Patavii 1743)

Nicht weniger als zwölf der *Carmina* und der Hirtengedichte (*Lusus Pastorales*) Flaminios haben die Quelle als Haupt- oder wenigstens als Eingangsthema.

In der bekanntesten und mehrfach nachgeahmten Elegie der *Lusus Pastorales* - wir sahen schon, daß die Gattung von Navagero begründet wurde[54] - ist wegen des thematisch vorrangigen autobiographischen Bezugs die fiktive bukolische Welt nur angedeutet. Der Dichter redet Quelle, Tal, Wald und Berg an, wo ihm die erste Liebe und der erste Dichterruhm zuteil wurden, und wünscht ihnen wie einem Menschen als Dank dafür Glück und daß der Landschaft weder durch Sommerhitze noch durch Winterkälte Schaden widerfahre, daß das Wasser vor dem Vieh, der Wald vor dem Beil, die Schafe vor dem Wolf sicher sein und Pan und die Nymphen hier wohnen mögen. Wünsche in Quellen-Gedichten galten seit der griechischen Epigrammatik den Besuchern der Quelle; aber Flaminios Einfall, die Wünsche an die Quelle selbst zu richten, sollte Schule machen.

> *Carminum liber III: Lusus pastorales*
> Irrigui fontes, et fontibus addita vallis
>   cinctaque piniferis silua cacuminibus,
> Phyllis ubi formosa dedit mihi basia prima,
>   primaque cantando parta corona mihi,
> uiuite felices nec uobis aut grauis aestas   5 (v.l. aestus)
>   aut noceat saeuo frigore tristis hiems.
> Nec lympham quadrupes, nec silvam dura bipennis,
>   nec uiolet teneras hic lupus acer oues:
> et Nymphae laetis celebrent loca sancta choreis,
>   et Pan Arcadiae praeferat illa suae.   10
>   (Gruterus, Delitiae I 1015)

In der Sommerfrische Genuas schrieb 1521 der damals 23jährige Flaminio[55] ein scherzhaftes bukolisches Epigramm, das sich ebenfalls ganz an antike Formen hält. Er lädt die Hirtin Ligurina ein, sich mit ihm in der Mittagshitze an einem lauschigen Platz zu treffen, verspricht ihr ein Loblied auf ihre Schönheit und bittet sie ihrerseits um ein Lied über die Dryaden. Der *locus amoenus* ist mit den obligaten singenden Vögeln, der Quellgrotte, Schatten, Blumen und Bienen geschildert.

> *Carminum liber III 8: Lusus pastorales*
> Iam rapidus torret mediis sol aestibus agros,
>   ad uallem niueum duc, Ligurina, gregem.
> Hic auium cantus, hic fons nitidissimus antro
>   prosilit, hic densis quercubus umbra cadit:
> et circum flores examina laeta susurrant,   5
>   et Zephyri blando murmurat aura sono.
> Hic laudes, formosa, tuas mea fistula dicet:

---

[54] Maddison (1965) 54 ff.

[55] Datierung nach Maddison (1956) 33.

tu Dryadum calamo dulcia furta canes.
        (Marci Antonii ... Flaminiorum carmina, Patavii 1743)

Auch in einem weiteren in elegischen Distichen gehaltenen Hirtengedicht von 1524, das kaum mehr als die Variation des vorigen darstellt, ist die Quellenszenerie in die Ortsangaben für den Treffpunkt zum Schäferstündchen eingebettet. Die Details selbst - Quelle, Fluß, Hügel, Wald, Wiese und Blumen - sind wieder konventionell.

Carminum liber III 4: Lusus pastorales
Iam fugat humentes formosus Lucifer umbras,
   et dulci Auroram uoce salutat auis.
Surge, Amarylli, greges niueos in pascua pelle,
   frigida dum cano gramina rore madent,
ipse meas hodie nemorosa in ualle capellas   5
   pasco, namque hodie maximus aestus erit.
Scisne Menandrei fontem et uineta Galaesi
   et quae formosus rura Lycambus habet?
Hos inter colles recubat uiridissima silua,
   quam pulcher liquido Mesulus amne secat.   10
nec gelidi fontes absunt, nec pabula laeta,
   et uarios flores aura benigna parit:
illic te maneo solus, carissima nympha,
   si tibi sum carus, tu quoque sola ueni.
        (Marci Antonii ... Flaminiorum carmina, Patavii 1743)

Flaminio scheint sämtliche Möglichkeiten des Quellenthemas durchspielen zu wollen. In III 15 folgt die Bitte an Hügel, Schatten und Quelle, seine Liebe zu verbergen und zu beschützen, genau den Formen des antiken Gebets, das sich natürlich nur an eine Gottheit richten könnte.

Carminum liber III 15 : Lusus pastorales
Intonsi colles et densae in collibus umbrae,
   et qui uos placida fons rigat ortus aqua,
si teneros umquam Fauni celastis amores,
   si uos Nympharum dulcia furta iuuant,
este boni tutasque mihi praebete latebras,   5
   dum sedet in gremio cara Nigella meo.
        (Gruterus, Delitiae I , 1010)

Als Variation dieses Themas sei die Elegie des G i o v.   B a t t. N i c o l u c c i, gen. P i g n a (1529-1575) genannt, der als Lektor für Ethik, lateinische und griechische Literatur am Hof der Este in Ferrara, dann als hoher Beamter Alfons´ II. wirkte und durch ein frommes Gedicht in petrarkistischem Stil, *Il ben diuino*, berühmt wurde. Seine lateinischen Elegien dagegen singen von einer heiter verspielten Welt bukolischer Liebe. Pigna eröffnet die Elegie mit einer Nachtszene. Der Hirt Amphipolus lädt Hyella ein, zu dieser günstigen Stunde ihn bei der Ligurinusquelle zu treffen, verspricht ihr Küsse und ein Gedicht, das er am Brunnenrande einmeißeln lassen will. Mit einer aus dem griechischen Epigramm bekannten, aber nun auf das erotische Thema bezogenen Wendung bittet er die Hirten, den durch dieses Erlebnis geheiligten Ort nicht zu beschmutzen.

Ad Hyellam
Nunc Lunae tacito sunt condita cornua caelo,
et Veneris tenebrae dulcia furta tegunt.
Nunc matrem fallens somno plumisque sopitam,
huc gressu propero, dulcis Hyella, ueni.

Nunc Lunae tacito sunt condita cornua caelo,
et Veneris tenebrae dulcia furta tegunt.
Nunc matrem fallens somno plumisque sopitam,
huc gressu propero, dulcis Hyella, ueni.
Hic tibi soluantur zonae Tyriique cothurni,   5
cymbiaque ex aere, quae tibi ab urbe tuli.
Te moror ad riuum Lygurini, dulcis Hyella,
fontis in intonso margine stratus humi.
Si uenies, tenero amplexu dabo basia mille,
et tali incisum carmine marmor erit.   10
O quicumque gregem lymphas deflectis ad istas,
ne tibi turbentur, te rogat Amphipolus.
Ipse has propter aquas tulit optima munera amicae
ultima, prima tamen saepeque habenda sibi.
(Gruterus, Delitiae II, 221 sq.)

Kehren wir zu F l a m i n i o zurück! Für die Gattung des Epigramms typisch ist das geistreiche Spiel mit Formen und Motiven. In c. III 16 sind Quelle und Bach aus einer bloßen Szenerie zum fiktiven Träger der Handlung und der Projektion der Liebe geworden. Das nur einen Satz umfassende Epigramm läuft auf ein Concetto hinaus: der Kuß der Geliebten werde das Wasser süßer als Honig machen.

Carmina III 16
Riuule, frigidulis Nympharum e fontibus orte,
qui properas liquido per nemora alta pede,
si, formose, uenis formosum ad Phyllidis hortum
arentique leuas aurea mala siti,
illa tibi centum dabit oscula, queis tua fiet   5
dulcior Hyblaeis unda beata fauis.
(Marci Antonii ... Flaminiorum carmina, Patavii 1743)

Dieses literarische Spiel ist in der im Frühjahr 1540 entstandenen 88 Verse umfassenden Klage-Elegie auf den Tod der Hyella bis zum letzten getrieben. Die beiden Eingangsdistichen umreißen das Concetto, auf dem der Gedanke des ganzen Gedichts beruht: der Quell fließt immerfort, weil er wie ein fühlendes Wesen um die tote Hyella trauert, so wie er sie auch schon umspielte, als sie einst sich dort badete, sich im Wasser spiegelte, sang oder ruhte; ja die ganze Tierwelt wurde von ihr wie von Orpheus ergriffen.

Hyella (*Carminum liber IV 15*)
Cur subito, fons turbidule, tuus humor abundat?
Dic age lucidulam quis tibi turbat aquam?
A miser, extinctae turbat te casus Hyellae,
Ipse tuis crescis, perdite, de lacrimis.
...

In schmerzlicher Erinnerung wird ihre einstige Anmut wiedererweckt, aber auch an ihre Lieder wird erinnert, wie an jenes über die Liebe und das Unglück der in Acis verliebten Galatea. Die Klage und die schmerzliche Erinnerung werden ein weiteres Mal mit der Frage erneuert, wer nun den Quell mit Kränzen und Gesängen feiern soll, und endlich wird das alte Einladungsmotiv umgekehrt: die Quelle soll nun weitere Besucher wie die Najaden und Dryaden davon fernhalten, in den Tränen zu baden:

> Dic lacrimans, ne me quaeso pulcherrima tange,   79
>   neue meis corpus commacula lacrimis:
> Hae lymphae non sunt lymphae, sed flebilis humor,
>   quem carae dominae mittimus inferias.
>   (Marci Antonii...Flaminiorum carmina, Patavii 1743)

In der vorherrschenden Klage, der Erinnerung und ihrer mehrfachen Spiegelung sind offenbar Züge des Petrarkismus wirksam geworden. In der Tat imitiert und parodiert ein weiteres in Hinkjamben (!) gehaltenes Klagegedicht den Eingang der *126. Canzone* Petrarcas:

> Formosa myrte, roscido imminens antro,
> antrum loquaci suaue murmurans fonte,
> fons care, fletu facte amare de nostro,
> O quam beate uiximus, quoad uixit,
> Hyella uestra! quoad puella formosa
> mecum iacere ista solebat in ripa.
>   (Marci Antonii...Flaminiorum carmina, Patavii 1743)

Die Fülle elegischer, bukolischer und epigrammatischer Variationen der Hirtengedichte mit Quellen-Motiven oder ausgedehntem Quellen-Thema wie die eben erwähnte Klage-Elegie läßt zunächst vermuten, daß es Flaminio nur um literarisches Spiel und formale Experimente zu tun war, in denen er sich sowohl antiker Vorbilder wie des Petrarkismus bediente. Dieser Verdacht verstärkt sich bei dem im gleichen Frühjahr entstandenen parodischen Hymnus auf einen jungen Ziegenbock:

> *Carminum liber IV 2*
> ... At cum furentis exsiccatus ictibus   7
> solis siticulosus ignescit calor,
> nec aura pulchris arborum instrepit comis,
> te ducit illa sontis ad lympham sacri,   10
> qui prosilit uirente murmurans specu;
> domus choreis Naiadum gratissima,
> et semicapri dulce lenimen dei,
> cum fessus a labore montiuago redit.
> Hinc te reductis uallium cubilibus   15
> sistens, tenello lassulum sinu fouet,
> cingitque carum floreis sertis caput,
> suadetque blandos sensim inire somnulos;
> nunc mollicellam barbulam mulcens manu
> nunc dulciora melle fundens carmina,   20
> canente garrulo simul auium choro.
>   (Marci Antonii...Flaminiorum carmina, Patavii 1743)

Wenn Hyella das Böckchen zärtlich zur Quelle geleitet, damit es sich in der Sommerhitze ausruhen kann, und ihm sogar Lieder vorsingt, ist die parodische Umkehr der Quellen-Motive (einschließlich des horazischen Bocksopfers; Horaz,

c. I 17 und III 13 werden offen zitiert) offenkundig[56]. In der Sammlung folgt als geradezu notwendige Motivvariation die Klage auf den kranken Ziegenbock (c. IV 3).

Doch dann überraschen vier der frühen Gedichte, die eine innere Beziehung des Dichters zu der Quelle seiner Heimat verraten. Das Motiv des Gedichtes *Ad nymphas de fonte Philalethis* und seine knappe Form gehen letztlich auf das griechische Epigramm zurück, doch das elegische Distichon ist durch die schlichten Hexameter der Gattung *lusus pastoralis* (s.o.) ersetzt. Die in ihrer knappen Förmlichkeit kühl wirkende Weihung der Quelle (*lympha*) an die Naiaden und die anschließende Bitte um Schutz und Erquickung läßt erst im Schlußvers unerwartet einen Bezug auf den Weihenden erkennen, der um ein Alter in Gesundheit bittet.

> Ad Nymphas de fonte Philalethis, *Carminum liber II 3*
> Naiades pulchrae pulchris e fontibus ortae,
> hanc lympham uobis Philalethes dedicat: illa
> nec fons frigidior quisquam nec purior. At uos
> arenti uestram lympham defendite ab aestu,
> neu sitiant myrti, neu desit floribus humor.   5
> Et domino ruris uiridem seruate senectam.
> (Marci Antonii....Flaminiorum, Patavii 1743)

Auch das nächste, bald nach 1540 entstandene Gedicht läßt sich zunächst als spielerische Variation antiker Vorlagen beschreiben: das epodische Metrum läßt an eine ernstgemeinte Transkription des horazischen *Beatus ille* (epo. 2) denken, das bekanntlich in eine ironische Entlarvung des landbegeisterten Geldverleihers hinausläuft. Die Sehnsucht nach dem verlorenen Landgut evoziert zudem Tibulls erste Elegie; andere Einzelzüge verweisen auf die Bukolik. Das Neue liegt in der emotionalen Beziehung zu diesem Landgut. In freudiger Stimmung, die dem Wesen des antiken Epodenverses zu widersprechen scheint, begrüßt Flaminio sein Landgut, das ihm durch die Großzügigkeit des Kardinals Alessandro Farnese wiedergeschenkt worden ist, nachdem er es nach dem Todes des Vaters verloren hatte. Mit besonderer Bewegung begrüßt er im letzten Abschnitt die Quellen und Bäche seines Landguts; in ihnen verdichtet sich trotz der zunehmend antikisierenden Färbung die Vorstellung seiner Heimat, und sie sind gleichzeitig der musische Ort, an dem er das Lobgedicht auf seinen Gönner singen wird. Hier manifestiert sich besonders eindrücklich die Offenheit der Renaissancedichtung für die Realität der eigenen Landschaft[57].

> Ad agellum suum, *Carminum liber I 17*
> Venuste agelle, tuque pulchra uillula
>   mei parentis optimi
> olim uoluptas et quies gratissima

---

[56] Maddison (1965) 99 spricht zutreffend von ´a delicate sense of comedy and lightness of touch .

[57] Vgl. Stracke (1981) 22, 42 ff., 93 ff.

> fuistis, at simul senex
> terras reliquit et beatas caelitum   5
>   petiuit oras, incola
> uos alter occupauit, atque ferreus
>   amabili uestro sinu
> me lacrimantem eiecit et caris procul
>   abire iussit finibus.   10
> At nunc amica rura uos reddit mihi
>   Farnesii benignitas.
> Iam uos reuisam, iam iuuabit arbores
>   manu paterna consitas
> uidere, iam libebit in cubiculo   15
>   molles inire somnulos,
> ubi senex solebat artus languidos
>   molli fouere lectulo.
> Gaudete fontes, riuulique limpidi,
>   heri uetusti filius   20
> iam iam propinquat, uosque dulci fistula
>   mulcebit, illa fistula
> quam uestro Iolae donat Alcon Maximus,
>   ut inclyti Farnesii
> laudes canentem Naidum pulcher chorus   25
>   miretur, et Pan capripes.
>   (Marci Antonii...Flaminiorum carmina, Patavii 1743)

Aber in den letzten Gedichten erscheint das heimatliche Landgut als eine unerreichbare Idylle. In den 17 Hendecasyllaben *Vmbrae frigidulae,* deren einleitende Anrufe an die Natur an den Beginn der *126. Canzone* Petrarcas erinnern sollen, evoziert er durch eine besonders lange Kette von Topoi des *locus amoenus* die Heimat, in der er ein göttergleiches Dasein führen könnte. Der Aufschluß über den Grund dieser schmerzlichen Sehnsucht erfolgt erst im letzten Drittel des Gedichts, wo er sich mit besonderer Dringlichkeit an die an den Quellen wohnenden Musen wendet, ihn aus der lärmenden Großstadt zu befreien. Wieder ist die Quelle das Symbol sehnsüchtiger Imagination.

>   Ad agellum , *Carminum liber I 15*
> Vmbrae frigidulae, arborum susurri,
> antra roscida, discolore picta
> tellus gramine, fontium loquaces
> lymphae, garrulae aues, amica Musis
> otia, o mihi si uolare uestrum   5
> in sinum superi annuant benigni,
> si dulci liceat frui recessu,
> et nunc ludere uersibus iocosis,
> nunc somnum uirides sequi per umbras,
> nunc mulgere mea manu capellam,   10
> lacteoque liquore membra sicca
> irrigare per aestum, et aestuosis
> curis dicere plurimam salutem:
> o quae tunc mihi uita, quam beata,
> quam uitae similis foret deorum!   15
> At uos, o Heliconiae puellae,

>queis fontes et amoena rura cordi,
>si cara mihi luce cariores
>estis, iam miserescite obsecrantis   20
>meque urbis strepitu tumultuosae
>ereptum in placido locate agello.
>   (Marci Antonii....Flaminiorum carmina, Patavii 1743)

Zu besonderer Gefühlsintensität ist das Abschiedsgedicht *Formosa silva* gesteigert[58]. Im Jahre 1526 wurde Flaminio nach seiner Genesung von seinem Gönner Giberti, Bischof von Verona, aus seiner Heimat Serravalle nach Rom zurückgerufen, wovon er in dem fast immer beiseitegelassenen Einleitungsgedicht spricht. Das Gedicht ist unter dem Eindruck des bedrohlichen Anmarschs der kaiserlichen Truppen auf Rom entstanden, der schließlich 1527 in den Sacco di Roma mündete[59]. Die Angst vor neuer Krankheit und drohendem Tod spricht aus dem Gedicht. Mit der Anrede an Wald, Quellen und Nymphenheiligtümer verbindet er den Wunsch, in dieser heimisch-heimeligen Welt leben und sterben zu dürfen. Denn jetzt ist er gezwungen, auf weiten Reisen im Ausland ein mühe- und gefahrvolles Leben zu verbringen. Aus dem antiken Gebetsstil ist die Bitte übernommen, als Dank für die Lieder und Blumenkränze, mit denen er die Quelle bisher verehrt hatte, Schutz und glückliche Heimkehr zu gewähren. Aber selbst wenn die Heimkehr ungewiß ist, will er die Erinnerung an die heimatliche Landschaft sich dankbar bewahren. Das Gedicht wird mit dieser Rückkehr zum Eingangsmotiv wie so oft rondoartig geschlossen.

>   Ad agellum, *Carminum liber I 10*
>Formosa silua uosque lucidi fontes
>et candidarum templa sancta Nympharum
>quam me beatum quamque dis putem acceptum,
>si uiuere et mori in sinu queam uestro!
>Nunc me necessitas acerba longinquas   5
>adire terras cogit et peregrinis
>corpusculum laboribus fatigare.
>At tu, Diana, montis istius custos,
>si saepe dulci fistula tuas laudes
>cantaui et arma floribus coronaui,   10
>da cito, dea, ad tuos redire secessus.
>Sed seu redibo seu negauerint Parcae,
>dum meminero mei, tui memor uiuam,
>formosa silua uosque lucidi fontes,
>et candidarum templa sancta Nympharum.   15
>   (Marci Antonii...Flaminiorum carmina, Patavii 1743)

Flaminio hat hier entdeckt, wie die gefühlsbetonte Erinnerung an die Heimat zum inneren Lebenshalt werden kann. Er scheint mir hiermit – wohl im Gefolge

---

[58] Zur Interpretation vg. W. Ludwig, Humanistische Gedichte als Schulleküre, *Der Altsprachl. Unterr.* 29, H.1, 1986, 62-64.

[59] Maddison (1965) 68 f.

des Petrarkismus – über die spielerische Motivvariation weit hinausgekommen zu sein. Aber erst in der lateinischen Dichtung Frankreichs wird die lokalisierbare, historisch und sentimental befrachtete Landschaft um eine Quelle zum beherrschenden Thema.

Einflüsse des Petrarkismus sind auch in den Quellen-Dichtungen des Dichters und Philosophen G i o v a n n n i B a t t i s t a A m a l t e o (1525-1573) erkennbar. Wir finden in der zusammen mit Gedichten seiner Brüder herausgegebenen Sammlung einerseits wenig originelle Hirtengedichte wie die Hendecasyllaben mit dem Makarismos des Hirten Iolas, der in Muße an der Quelle sein Leben verbringen kann.

> *Iolas*
> Sic te perenni picta flore gramina
> et umbra densis explicata frondibus
> leuent, beate pastor ...
> Felix Iola, grata ruris commoda   9
> semper tueris, seu colis scatentia
> uireta riuis, siue sub cauo specu
> proiectus, et curis solutus omnibus
> canis, quod ipsa circum imago consonet,
> et alta reddant montium cacumina.
> Felix Iola, nunc tibi fons languidum   15
> affert soporem blandiente murmure ...
>   (Trium fratrum Amaltheorum, Hieronymi, Io. Baptistae, Cornelii
>   Carmina...Venetiis 1627, 129)

Andererseits erweist er einem unglücklich verliebten Freund sein Mitgefühl mit einer Elegie, in der er ihm den *locus amoenus* schildert, wo er dichten und wie ein Orpheus die Natur und die Hamadryaden bezaubern könnte. Aber nun ist durch die unglückliche Liebe alles unmöglich geworden.

> *Ad Ludovicum Dulcium elegia*
> Hic tibi florentes, Dulci, terra explicat herbas:
>   blanditurque leui murmure riuus aquae,
> te Zephyri inuitant, et suauis spiritus aurae:
>   et silua argutis obstrepit alitibus.
> O utinam umbroso mecum proiectus in antro   5
>   consuetis caneres Thyrsin arundinibus.
> Iam tua uicinae sequerentur carmina quercus:
>   duceret et faciles cantus Hamadryadas.
>   (Trium fratrum Amaltheorum...carmina, Venetiis 1627, 107)

Die antike Epigrammkunst mit den ovidischen Metamorphosen verbindet Amalteo in dem Epigramm über die Quelle und die Eiche; ein Bezug zur eigenen Welt ist nicht intendiert.

> *De fonte et quercu fontem inumbrante*
> Hinc auerte greges, hinc duram auerte bipennem,
>   surgit ubi irriguis proxima quercus aquis,
> seu pascis niueas dumosa in rupe capellas,
>   seu nemus antiquis exuis ilicibus.

42

Quae contexta suis umbracula frondibus arbor   5
    explicat, haec Dryadum sanguinis una fuit.
At fons obliquo fugiens per gramina cursu,
    Naiadum e sacris prosilit uberibus.
            (Trium fratrum Amaltheorum...carmina, Venetiis 1627, 137)

Doch im Hylas-Thema scheint er neue Möglichkeiten des Quellen-Motivs entdeckt zu haben, indem er es mit Motiven der Narcissus- und der Salmacis-Herm-
aphroditus-Sage Ovids (*met.* III, 339ff. und IV, 285ff.) verband. Um seinem
Vorwurf an den Freund Lygdamus, der trotz seiner Bitten und Warnungen eine
Seereise wagen will, Nachdruck zu verleihen, erzählt er ihm die Sage von Hylas,
der während der Argonautenfahrt in einer Quelle ertrank (v. 11 f.). In diese Einlage
ist eine zweite kleine Erzählung in Form einer Ekphrasis eingefügt: die Quelle, zu
der Hylas kommt, sprudelt aus einer Urne, auf der die Taten des Hercules dargestellt sind (v. 19-22). Hylas, der weiter die liebliche Wildnis durchstreift, Blumen
pflückt, singt und dem Gesang der Vögel lauscht - Amalteo läßt hier zwanglos die
Topoi des *locus amoenus* aus der Handlung hervorgehen - entdeckt schließlich im
Quellteich sein Spiegelbild (v.31) und redet es in naiver Sehnsucht wie einen un-
nahbaren Freund an. Die Nymphen packen und ziehen ihn unter Wasser. In der
Beschreibung des Spieles mit dem Spiegelbild (v. 33 ff.) und schließlich des un-
heimlichen Leuchtens, das von den weißen Gliedern des in der Quelle versunkenen
und von den Naiaden festgehaltenen Knaben ausgeht (v. 49 ff.), erreicht Amalteo
neue sinnliche Anschaulichkeit.

Ad Lygdamum
...
Fons erat et circum surgebat myrtea silua   11
    quam saliens liquidis riuus alebat aquis;
quin etiam aeterni pingebant gramina flores
    fragrabatque Arabo semper odore nemus.
Huc puer ad gelidos properabat forte liquores   15
    et teneram implebat fictilis urna manum;
urna manum implebat uariis disctincta figuris,
    quam quondam Alcidae fecerat Eurycion.
Illic Geryonem triplici caelauerat auro
    et monstrum Nemees et Diomedis equos;   20
stabant Lernaei linguis uibrantibus angues
    et terror siluae sus, Erymanthe, tuae.
Ille autem uario texens e flore corollas
    incustoditum saepe moratur iter:
nunc noua formosa decerpit lilia dextra,   25
    nunc teneris ornat serta papaueribus;
nunc etiam placidos inuitat carmine uentos,
    ut leuis aestiuum temperet aura diem;
interdum auditis auium concentibus haeret,
    tentat et argutos uoce referre modos.   30
Ille tamen prope fontis aquas incautus et amens
    constitit et uanis arsit imaginibus;
miratur nigros oculos, miratur et ora,
    et desiderio deperit ipse sui.
Quae te, inquit, formose puer, iam fata retardant   35

complexuque meo saepius eripiunt?
quid prohibet socio coniungere corpora lusu
    mutuaque alternis oscula ferre genis?
Intueor dum pronus aquas et bracchia tendo,
    surgis et haec eadem tu quoque signa refers,   40
et, tamquam nostri solitus miserescere luctus,
    confundis maestis lumina lacrimulis.
Audierant miseras liquido sub fonte querelas
    Naiades atque imis exsiluere uadis;
tum puerum magni clamantem nomen amici   45
    certatim cupidis corripiunt manibus.
Sed quid iam Alcides prosit, contraria quando
    fata obstant, tanti conscia fata mali?
Illum Nymphae arctis retinent complexibus omnes
    et cohibent fusis undique fluminibus;   50
fulgebant nitidis argentea membra sub undis,
    ut micat e magno Lucifer oceano.
        (Trium fratrum Amaltheorum...carmina, Venetiis 1627, 111)

Das Motiv des spiegelnden Wassers kehrt in dem Epigramm wieder, in dem sich Amalteo mit einem hübschen Concetto an den Quell wendet, um ihn zu bitten, das Bild der schönen Hyella, wenn sie darin badet oder daraus trinkt, ungestört zu bewahren. Geschmückt mit einem so schönen Bild brauche er die Sonne oder die Sterne nicht mehr zu beneiden.

Ad fontem
Aemule fons uitro, Nympharum dulcis alumne,
    roscida qui liquido curris in arua pede,
seu lasciua tuas colludit Hyella per undas,
    arida seu gelido rore labella rigat,
lucidulo formosa lacu sic uirginis ora
    exprime, ne rapidae deleat error aquae.
Tunc neque tu Soli radios neque sidera caelo
    inuideas nitidis pictus imaginibus.
        (Trium fratrum Amaltheorum...carmina, Venetiis 1627, 137)

Die schon öfter beobachtete Freiheit in der Wahl der metrischen Gattung zeigt sich in der in jambischen Trimetern gehaltenen Klage des Daphnis über die untreue Erilla. Daphnis wendet sich mit allen Formalien des antiken Gebets an die Quelle mit der Bitte, die untreue Erilla, wenn sie in der Quelle baden sollte - hier kommt mit der Nacktheit wieder ein erotisches Motiv in die Klage - ebenso leiden zu lassen wie ihn, der nun schon dem Tode nahe ist. Für ihn sind alle Vorzüge, die eine Quelle zu bieten hat, wirkungslos geworden. Er nimmt endgültig Abschied von der Quelle, die er mit seinen Tränen genährt hat. Amalteos Absicht, der Klage die Stimmung der Canzonen Petrarcas zu verleihen, ist unverkennbar.

Daphnis
Beate fons, ocelle fontium omnium,
qui picta multis prata floribus rigas,
tuoque suauem riuulo halitum accipis,
unde ipse odoratis quoque affluis aquis:
has lacrymas saeui doloris nuntias   5

Daphnis secundo amore tam dis proximus,
nunc omnium miserrimus, libat tibi:
ut bella Erilla, dum calore languida
tuis refrigerat papillas undulis
tuoque fessa conquiescit in sinu,   10
quem mi peperit, identidem luctum hauriat:
identidem illa, illa hauriat, seu lucido
fouet liquore membra, siue candidas
manus et aureas simul lauit comas.
Sic dura forsan molliet praecordia   15
roburque tandem pectoris flectet sui.
Formosa Erilla, uosque muscosi specus,
et uos comantibus decorae ramulis,
ualete lauri; quae meis laboribus
saepe affuistis, et doloris consciae   20
impressa leui signa fertis cortice.
Vestris in umbris, uestro in amplexu miser
non amplius meos amores concinam.
Nec sibilantium licebit arborum
captare frigus in tenaci gramine,   25
gregesue blanda detinere fistula.
Hunc ego diem hauriam supremo lumine;
hic intuebor ultimum solis iubar.
Iam iam emoritur animus et pallentia
iam iam ora dirae imago mortis occupat.   30
Quare meo donate fletu et lacrymis
uale beate fons, ocelle fontium.
(Trium fratrum Amaltheorum...carmina, Venetiis 1627, 130)

Trauer ist auch das Thema seiner zweiten *Acon-Ekloge*. Der Dichter ruft die Götter und auch die Quellnymphen auf, Hyella als Lohn dafür, daß sie sie ständig verehrt habe, in schwerer Krankheit beizustehen. Wie in der vergilischen Klage um Orpheus vereinigt sich die ganze Natur in Trauer um Hyella; der mitfühlende Quell ist fast ganz versiegt, weil Hyella ihn nicht mehr besuchen kann. In der Negation alles dessen, was jetzt unmöglich geworden ist, werden wieder alle Quellen-Topoi genannt.

Acon II
At uos, quae nemora et rorantia fontibus antra
incolitis nymphae, uestras si saepius aras
uerbena primisque rosis donauit Hyella
et dedit aureolis insignia serta corymbis,
uos ferte Eoos ditantia cinnama lucos . . .   5
    (die ganze Natur trauert um Hyella)
Fons quoque desiliens praerupti tramite cliui
contraxit liquidas nunc terrae in uiscera uenas.
Et desiderio formosae accensus Hyellae,
uix fertur tenui per leuia saxa susurro.
Abde caput, miserande, et fracta turbidus urna
muscoso occultare situ, caecisque latebris:
Non est, quae uitreis tecum colludat in undis.
abde caput miserande, cauoque inclusus in antro
et lucem indignare et aperti lumina caeli.

Non est, quae blando currentem carmine sistat:
non est, quae dulces latices dulci hauriat ore ...
(Trium fratrum Amaltheorum...carmina, Venetiis 1627, 64)

Flaminios Abschieds-Thema kehrt bei Amalteo in einem Gedicht wieder, das in mehr als einer Wendung Vergils 1. und 9. *Ekloge* folgt. Amalteo, der nicht von seinem Landgut vertrieben ist, sondern wie Flaminio eine weite, gefährliche Reise unternehmen muß, nimmt mit der Erinnerung an einstige mußevolle Zeit und die dort genossene Liebe Abschied von der Landschaft seiner Heimat, von der er mit besonderer Emotion die Quelle erwähnt. Erneute Erinnerung kommt mit dem Motiv des nicht mehr auf. Wenn hier die heimatliche Landschaft und besonders die Quellen-Idylle in trauriger Stimmung und in mehrfacher Vergegenwärtigung des verlorenen Glücks beschworen wird, dürfte wieder der Einfluß des Petrarkismus vermutet werden.

Lycidas
Pallida cedebant uenienti sidera Soli,
cum Lycidas iussus terras lustrare repostas,   15
effudit miseros extremo hoc carmine questus:
` Formosi colles et nymphis cognita rura
et liquidi fontes atque addita fontibus antra
siluarumque ualete umbrae : quae dulcia nobis
otia, quae caros olim peperistis amores.   20
Iam me complexu eripiunt fata impia uestro,
ut uideam iratas errantia monstra per undas ...

nec mihi iam blando decurrens murmure riuus   37
herbarum in gremio suadebit carpere somnos . . .

me non excipient herboso margine ripa,   48
non salientis aquae gelida sub rupe susurrus;
non dorso nemoris solabitur aura iacentem.
Spirabant dulces zephyri : spirantibus illis
cantabam ´.
(Toscanus I, fol. 19v.)[60]

III

Einige der Themen und Formvariationen Pontanos, Flaminios und Amalteos wurden auch von anderen Dichtern des 15. und 16. Jahrhunderts aufgegriffen. Aber originelle Weiterentwicklungen wurden in der lateinischen Dichtung Italiens bald selten; die Topoi der Schilderung waren aufs neue rhetorisch-schulmäßig verfügbar geworden. Drei Deutungsweisen lassen sich erkennen: 1. die Quelle als

---

[60] Die Ausgabe *Trium fratrum Amaltheorum...carmina*, Venetiis 1627 gibt den Text mit folgenden Abweichungen: 14 *Aurea vix primo cedebant sidera Soli*, 15 *cum lucidas terras iussus*, 17 *nymphis hospita rura*.

46

Symbol verlorenen Glücks, 2. die Musenquelle und 3. die Quelle als Mittelpunkt heiter anmutiger oder dramatisch bewegter Handlung. In allen vereinen sich antike Einflüsse mit solchen des Petrarkismus, aber die Stimmung neigt entweder dem Sentimentalen, der Ironie oder der sarkastischen Umdeutung zu.

1. P a n f i l o S a s s o d e ' S a s s i (1455-1527), dessen erste Gedichtsammlung 1499 erschien, glänzte dank seines hervorragenden Gedächtnisses als eleganter Improvisateur; die spielerische Leichtigkeit seines Dichtens verführte ihn bald zu manieristischem Stil. In den sieben, jeweils durch Refrain[61] geschlossenen Strophen seiner Ode *Loca amanti iucunda* benutzt er petrarkistische Muster, wenn er an Quelle, Baum, Berg, Wald, Wiese und Wind die Frage richtet, wo seine Geliebte bleibe. In den letzten beiden Strophen jedoch schlägt die sentimentale Rede in Schmähung um; die eben noch freundlich apostrophierte Natur wird nun als wüst empfunden, von Venus verachtet, weil die Geliebte nicht in ihnen weilt.

> *Loca amanti iucunda*
>
> 1. Fons sacer, riuo uitreo per herbas
>   qui fluens murmur uirides amicum
>   concinis somno: mea lux, meum cor
>   qua manet ora?
>
> 2. Arbor excelsis super astra ramis   5
>   quae caput tollis, Satyros amoena
>   protegens umbra: mea lux, meum cor
>   qua manet ora.
>
> 3. Mons iugis pulcer, nemus et beatum,
>   quod tegunt laurus, coryli, cupressus,   10
>   fagus et myrti: mea lux, meum cor
>   qua manet ora?
>
> 4. Prata quae fertis thyma, quae marathra,
>   lilium, thymbram, uiolas, anethum,
>   quae rosas, mentum: mea lux, meum cor   15
>   qua manet ora?
>
> 5. Aura quae dulci resonas susurro,
>   arborum frondes quatiens uirentes
>
>   cum furit Titan: mea lux, meum cor
>   qua manet ora.   20
>
> 6. Fons niger, latis uiduata ramis
>   arbor, obscuri iuga montis, herba
>   arida, et pratum, coryli, cupressi,
>   aura ualete.
>
> 7. Vos Venus spernit, tener et Cupido;   25
>   nox tegit densis tenebris opaca,
>   sedibus postquam mea lux, meum cor
>   non manet istis.   (Toscanus II, f. 770 sq.)

---

61 Über die musikalische Wirkung dieses Refrains vgl. Sparrow (1960) 402f.

Onorato Fascitelli aus Neapel (1502-1564), Benediktinermönch und bedeutender Herausgeber des Laktanz, später Bischof von Isola (Kalabrien), hat ein Lobgedicht auf die Villa eines Freundes mit dem Thema der ersehnten Ideallandschaft eröffnet und geschlossen. Die Motive Hain, Quelle und Heiligtum werden unter jeweils neuen Aspekten - zuerst für sich, dann im Bezug auf die dort wohnenden Gottheiten, auf den Ruhe und Erquickung suchenden Dichter - immer aufs neue variiert (8 Strophen); in weiteren 17 Strophen schweift der Gedanke weiter zu seinem ländlichen Glück im Winter, zu seinen Freunden und lästigen poetischen Aufträgen und mündet in dem Wunsche, sein Leben im stillen Frieden des Landes zu enden. Mit einem Segenswunsch für die Quelle schließt das Gedicht.

De Annia uilla

1. Annii nemoris sacra
   citria et liquido sacer
   fons fluens pede per nemus
   quodque colle habet in scacro
     mollis acta sacellum:
2. uosque agrestia numina
   dii deaeque genus Iouis
   frigidum quibus est nemus
   fonsque iugis et inclyta
     ara rite dicata:
3. rite si nemore horrido
   fonte seposito procul
   imminens pelago capit
   ulla uos super arduo
     ara colle dicata:
4. quam relinquo dolens querens
   quam reuiso uolens lubens
   uos ego? et tenerum in sinum
   dia ad otia gaudeo
     memet abdere uestrum,
5. siue sub nemoris nigri
   delitere comis iuuat
   et fluente breui in tuni-
   ca ad uagi Zephyri leuem
     frigerarier auram,

6. siue dulce loquaculi
   fontis ad gelidos specus
   sessitare, et aquam hac et hac
   somnuli illecebram manu
     usque pellere lenta,
7. tum modo spatiarier
   garrula cithara grauem
   collis e specula modo
   mille cernere puppium
     uela praeteruntum,
8. cum calore canis graui
   terra et aequore perfurit
   feruidoque Hyperione

48

> Arctos icta uacat gelu
>   tristibusque tenebris...
>
> 26. Sic laetum uireat nemus
>   semper et uitreus fluat
>   fons perenne, recentibus
>   ara fumet odoribus:
>   intonate sinistrum. (Kehrvers)
> 27. Ipse non Heliconio
>   collis inuideat iugo
>   ipse non Aracynthios
>   optet acta sibi modos:
>   intonate sinistrum.
> 28. Nullus huc aditum ferat,
>   nullus aut grege cum improbo
>   pastor impius aut mala
>   ales aut quadrupes ferat:
>   intonate sinistrum.
> 29.Nullus undisoni aequoris
>   ˙ fluctus auribus obstrepat,
>   nulla uos uiolentior
>   tundat aura Fauonio:
>   intonate sinistrum.
>   (Toscanus I, p. 264v.)

Als Herausgeber einer lateinischen Anthologie verfügte der aus Mailand gebürtige, aber auf Dauer in Paris lebende G i o v a n n i   M a t t e o   T o s c a n o (ca. 1488-1576)[62], Schüler und Freund Dorats, über den ganzen Schatz der Quellen-Topoi. In 16 jambischen Trimetern verherrlicht er die Landschaft, wo die schöne Naevia ihren Fuß setzte. In der Anrede an die Blumen, Büsche, den Wald und die Quelle greift er auf die Struktur des Eingangs der *126. Canzone* Petrarcas zurück (auch ein Anklang an Horazens c. I 17 ist in v. 4f. erkennbar), doch hat er den Sinn verändert, da er ohne Schwermut, ohne schmerzliche Erinnerung sein Glück und seine Leidenschaft feiert, von der auch die Landschaft selbst ergriffen werden muß.

> *Ad rura ubi erat Naeuia*
> Flores beatae dulce telluris decus
> quibus puella molle reclinat latus,
> puella cordis lene tormentum mei:
> uallis canoros illius captans sonos
> seruas tenelli quae pedis uestigia: 5
> arbusta, quorum, dum coquit Titan sata,
> excludit ictus spissa feruidos coma:
> ligustra mista suaue olenti amaraco:
> comata silua, sol uagus quam uerberans
> penetrare telis irritas tentat suis: 10

---

62 Toscanus (1576) widmete seine Ausgabe dem Freunde Dorat.- Im Alter verfaßte er eine Übersetzung der Psalmen Davids in lateinischen Versen, Paris 1575.

suauis ora: riuule undis uitreis
uultum nitentem et astra tangens lucida
claraque eorum luce purius micans:
ut ipse uestris aemulus tangor bonis!
Iam nulla uobis saxa, nulla erunt iuga,   15
ardere quae non ignibus discant meis.
   (Toscanus I , app. fol. 55 v)

2. Die Dichterquelle als Symbol der Reinheit ist das Thema einer satirisch ge-
tönten Ode G i o v a n n i d e l l a C a s a s (1503-1556), der sich anders als die
meisten Dichter der Renaissance erst spät, nach seinem 1551 erfolgten Rückzug ins
Privatleben, ganz der lateinischen Poesie zugewandt hatte. Der Dichter hat, be-
schmutzt durch seinen Aufenthalt in Rom, die reine Welt der Dichtung, symbolisiert in der baumumstandenen Quelle und dem stillen Land seiner Jugend, verloren.
Erschreckt über sein Aussehen, flieht die Muse nun vor ihm, als er ein panegyrisches Gedicht auf Margarete von Navarra verfassen sollte.

De Margarita regis Gallorum sorore
1. Heu mos, ut atris saepe coloribus
  contaminatus purum animum inquinas
   uix eluendis sordibus, per
   taedia solliciti laboris.

2. Me uitreis et fontibus et coma   5
  siluae uirentis laetum et amabile
   ruris silentium sequentem
   Aoniae puerum Camoenae

3. mersere sacri gurgite fluminis,
  intacta ut essem candidior niue.   10
   Immunda sed mox polluit me
   Roma luto nimium tenaci.

4. Quot longa nec dum discutiat dies,
  sacri nec amnes hactenus abluant,
   quia horret et me et ora caeno   15
   foeda nigro refugit Thalia.

5. Vulgus uenenis uertere Colchicis
  plerasque mentes aptius, eripit
   sensus priores atque mutat
   alba nigris maculisque gaudet.   20

6. Impurus atra quem populus manu
  tractarit, ille et decolor et niger
   erit diu. obductamque faecem
   uix iterans remouebit annus

7. notam relinquens: at mihi candidae 25
  mandanda uirgo est regia paginae
   Farnesio iubente; bacca
   purius illa nitens Eoa,

8. intaminato digna cani, Deae,
  est ore. Lucis Castaliis, Deae,   30

> quae uulgus arcetis profanum
> et nitido prohibetis amne.
>
> 9. O taetra tandem consilia haec bonae
> obliuioni tradite turbidae,
> labemque nobis rore sacro   35
> abluite illuuiemque uulgi.
> (Ioannis Casae Latina monumenta, Halae Magdeb. 1709)

Dagegen das hendekasyllabische Gedicht auf die Quelle von Bagnaia, das von Janus Gruterus 1608 dem A n t o n i u s   C o d r u s   U r c e u s (1446-1500), von Toscanus 1576 (I f. 188 r.) dem A u g u s t u s   C o c c e i a n u s zugeschrieben wird[63], ist in Wirklichkeit ein panegyrisches Idyll. Die Musen werden aufgefordert, den Helicon zu verlassen und diese Quelle zu besuchen, an der der junge, aber schon gelehrte Innocentius ins Studium versunken sitzt, zu seiner Seite zwei Frauen, die sein Gewand kostbar besticken, damit er eines Tages prächtig gewandet gewaltige Taten vollbringen kann.

> Beate fons Bagnaiae, ocelle fontium,
> quoscumque fundit alma tellus e sinu,
> migrate Musae fonte ab Heliconio
> et huc uenite, ubi liquores uitrei,
> aues ubi canorae, opacae ubi arbores   5
> uirent, canunt, et murmurant suauius:
> ubi Innocentius innocens uere puer,
> non iam puer, sed uerius puer senex
> dulci quiescit litterarum in otio,
> ubi beatas net Napaea purpuras,   10
> ubi trahit fucata Nais uellera,
> existat ut repente, qui pulcra in toga
> partem laboris excelsi Atlantis leuet.
> Beate fons Bagnaiae, ocelle fontium.
> (Gruterus, Delitiae I, p. 766, Toscanus I f. 188 r.)

Als Beispiel für das Fortleben des Topos der Musenquelle, dem gewöhnlich im Rahmen der Exordialtopik nur knapper Raum eingeräumt wird, sei hier noch M. Girolamo Vida (1485-1556), De arte poetica I 290 ff., angeführt. Kinder, so heißt es dort, lassen sich nicht von der Liebe zur Dichtung abbringen, und wenn ihnen die Eltern das Studium der 'habsüchtigen' Künste empfehlen, so eilen sie doch in unauslöschlicher Liebe zur Quelle, d.h. der Dichtkunst, zurück.

> *De arte poetica 1, 290*
> Nonne uides duri natos ubi saepe parentes   290
> dulcibus amorunt studiis et discere auaras
> iusserunt artis, mentem si quando libido

---

[63] Das Gedicht ist jedoch nicht enthalten in *Antonii Codri Urcei...opera, quae extant omnia,* Basileae 1540. Vielleicht liegt eine Verwechslung bei Gruterus vor; jedenfalls ist auffällig, daß in seiner Sammlung auf Codrus Urceus sofort Augustus Cocceianus folgt. Eine Ausgabe von dessen Werken war mir nicht zugänglich.

nota subit solitaque animum dulcedine mouit,
ut laeti rursum irriguos accedere fontes
ardescant studiis et nota reuisere Tempe.   295
            (Marci Hieronymi Vidae Cremonensis De arte poetica libri III...,
            Basileae 1534)

G i o v .   M a t t e o   T o s c a n u s , dem wir schon als einem Kenner der
Quellen-Topoi begegneten, beginnt in einer längeren Elegie, in der er seine bis-
herige Beschäftigung mit der Dichtung rechtfertigen und die Zuwendung zur Philo-
sophie ankündigen will, mit einer der längsten Ekphraseis des *locus amoenus* und
seines Mittelpunkts, der Quelle, um dann - nach dem Vorbild des Boethius - die
Allegorie der *Poesis* auftreten zu lassen, die ihm Vorwürfe wegen der neuerlichen
Vernachlässigung macht; sie aber selbst wird schließlich von der *Sophia* oder *Sacra
Sapientia* beiseitegeschoben.

     Elegia
Colle sub aprico, qua se uiridissima curuo
    aequora summittit uallis in ampla iugo,
silua uetus fagis et densa consita quercu
    summouet intonsi torrida tela Dei.
In medio specus exeso caua pumice pendet,   5
    et molli tellus musco adoperta uiret.
Impediunt frutices aditus, ederaeque uagantur
    flexipedes intus liberiore gradu,
fons latices scabra manantes undique topho
    excipit; arguto murmurat unda sono,   10
huc illucque uagis serpens anfractibus unda
    gramineam tenui gurgite rorat humum.
Frondibus hic densum nemus, illinc musica flabra
    indicunt rapidis aestibus exilium.
Hac ego dum spatior nemorali solus in umbra   15
    et tacito mecum pectore multa loquor,
blanda fatigato curis aestuque soporem
    persuadet leni murmure lympha crepans.
Ergo ubi decubui muscoso fessus in antro,
    occupat irriguus languida membra sopor.   20
Mira canam, sed uera canam quae somnia menti
    obuersata animum detinuere meum.
    (Toscanus II, (2. Paginierung) 34; Gruterus I, 766)

3. Die Quelle als Mittelpunkt heiter anmutiger oder dramatisch bewegter Handlung begegnet bei Pigna und Cereto.

G i o v .   B a t t .   P i g n a , den wir schon mit einer Hirten-Elegie kennen-
lernten, erzählt in der *Galatea*, daß einst die Satyrn die Naiaden überlisten wollten
und deshalb behaupteten, nach Latium auszuwandern. Als sie aber die in einer
Quelle sorglos badenden und spielenden Naiaden überfallen wollen, werden sie
von dem alten Silen, der zufällig geritten kommt, verraten; auf ihrer panischen
Flucht werden sie endlich durch Verwandlung gerettet. Der Reiz der von dem
Kehrvers *Huc ades, o Galatea, fretum Galatea relinque* gegliederten Erzählung liegt

52

ebenso in der schalkhaften Handlung wie in den anschaulichen Szenerie-Schil-
derungen.

Galatea

Huc ades o Galatea, fretum Galatea relinque.
Hic Zephyris segetes, fluctus aquilonibus isthic
praecipites ponto, liquidae sunt fontibus undae,
rupibus antra uirent, nudis stant littora ripis.
Aequoreo strepitu scopuli feriuntur et algae
hic uolucrum colles resonant arbustaque cantu.

. . . .

Senserat interea speculator fontibus imis
uelle simul Nymphas solasque repellere solis
ardentes radios aestusque fugare calores.
Nuntiat id cunctis: statuunt tunc ordine certo,
quae loca quisque petat. Sed quae non dulcia amaris
miscet amor. Quae tuta ferus non denique turbat?
Nam cum siluarum diuae uenere, choreas
ducentes tunicasque leues demittere gaudent:
uix aliquae illarum fontes inuadere tentant,
cum subito properans tardo Silanus asello ...
(Toscanus II , f. 292 und 298)

Auch D a n i e l e   C e r e t o (gest. 1528) unterbricht seine bukolische Erzählung von der Nymphe Salix, die sich nach ihrer Vergewaltigung durch Glaucus am
Ufer des Benacus verbirgt, durch eine längere Schilderung der Höhle, in der Salix
Zuflucht gesucht hat. Als dort eines Tages Diana auf der Heimkehr von der Jagd
mit ihren Gefährtinnen einkehrt, wird die unglückliche Salix als schwanger erkannt
und gewaltsam vertrieben. Auch diese Erzählung, mit der Ceretus in Anlehnung an
Ovids Callisto-Sage (*met.* II, 401ff.) einen Lokalmythos für den Garda-See schaffen wollte, endet mit einer Verwandlung. Die Erzählung wirkt durch hyperbolische
Steigerung aller Teile bereits barock.

Salix

... Ecce tumens spoliis atque oblita caede ferarum
antra subit, lucis Hecate lassata sub altis,
antra hedera et raris labruscae sparsa racemis.
Intus aquae uiridique obsessa sedilia musco:
ante fores thymbrae surgunt, flentesque Hyacinthi,
et cum flammeolis lethaea papauera Caltis,
innumeraeque herbae grato quas murmure labens
riuus, et attritos uersans alit unda lapillos.
Non latices illic, nitidi non uda profundi
lanigerae turbastis oues, saltuue proteruo
indomiti ripis insultauere iuuenci,
non fera, non imis serpens educta cauernis,
nec cum se pastae referant e monte capellae.
Saepe tamen Dryades fessos uenatibus artus
fonte lauant, humeroque tenus contingere gaudent;
quo simul intrauit, trepidantem ac multa timentem

tergaque iam dantem uidit Titania nympham,
uidit, et exarsit ...

>   (Danielis Ceretus, in: Carmina illustrium poetarum italorum Io.
>   M. Toscanus .... publicavit, vol. II, Lutetiae 1576, f. 284)

IV

In den französischen Quellen-Dichtungen des 16. Jahrhunderts[64] werden andere Einflüsse und Interessen wirksam als in denen der italienischen Vorgänger und Zeitgenossen. Petrarcas *Canzoniere* hat, obwohl vom Kreis der Lyoner Humanisten intensiv rezipiert[65] - das für die hier zu besprechenden Dichter durchaus zutreffende Schlüsseldatum für die Wiederentdeckung ist das Jahr 1533, als Maurice Scève in Avignon das Grab Lauras wiederentdeckt zu haben glaubte -, im Bereich des Quellenthemas offenbar keine Wirkung ausgeübt; die Gründe werden aus den folgenden Texten erkennbar.

Horaz, der im Mittelalter auch in Frankreich nie ganz vergessen war, verdankte seine französische Renaissance J e a n   S a l m o n   M a c r i n   (1490-1557)[66], der zunächst in seiner zwischen 1516 und 1525 verfaßten und erst 1530 im Druck erschienenen Ode *De Quincti Horati Flacci laudibus* die Werke des antiken Dichters der Reihe nach vorstellte und sie hymnisch feierte, um sie seinen dichtenden Zeitgenossen als Vorbild zu empfehlen, und im Jahre 1530 die *Carminum libri quattuor* veröffentlichte, denen er wegen der glänzenden Imitation von Sprache, Motiven und Themen und des ganz heidnischen Ambientes seinen Ruhm als Horace français verdankte, so daß er sich schließlich als *Flacci simia* empfand.[67] Aber noch 1549 empfahl Joachim DuBellay in seiner *Deffence et illustration de la langue française* Horaz als Vorbild der künftigen französischen Dichtung.

Salmon Macrin dichtete zwei formvollendete Oden in horazischem Stil auf die Quelle Brissa[68] in Loudon[69]. Die Ode IV *Ad Brissam, nympham fontis Iuliodu-*

---

[64] Zur lateinischen Dichtung in Frankreich vgl. Murarasu, (1928); McFarlane (1983) 490-505; ders. (1973) 389-403. Exemplarisch die Themenuntersuchung von Ginsberg (1982).

[65] Vgl. McFarlane (1973) 390 und für die französische Dichtung Françon (1974) 12-18 und Hoffmeister (1973) 39 f. Minta (198) berücksichtigt die zeitgenössische lateinische Dichtung nicht.

[66] Soubeille (1981) 41-59. Die deutsche Wiederentdeckung des Horaz ging der französischen nicht unbeträchtlich voran, wie die Lehrtätigkeit und Dichtung des Conrad Celtis in Ingolstadt ab 1492 ergibt, vgl. Schäfer (1976) 10 ff.

[67] Soubeille (1984) 98-112.

[68] Le Brisseau; der Genuswechsel erklärt sich aus euphonischen oder metrischen Gründen oder wegen des vorschwebenden *la fontaine*.

[69] Soubeille (1973) 59-74.

nensium erscheint wie ein Pastiche aus Horaz, nur in der Metrik etwas freier als das Vorbild. Aber Macrin verwandelt die Quelle in eine Nymphe, die als Schöpferkraft, Lebensmacht und Schutzgöttin die Landschaft beherrscht und sich in der frühsommerlichen Vegetation äußert, deren grüne Farbe leitmotivisch (v. 3 *uirenteis,* v. 5 *opaca,* v. 6 *glaucae,* v. 21 *uiridi)* das Gedicht durchzieht. Nicht die drückende Sommerhitze wird geschildert, sondern - eher dem mittelalterlichen Frühlingsgedicht verwandt als Horazens *Bandusia-Ode* - die Freuden des Sommers. In diese Szenerie tritt nicht nur die schöne Gelonis ein, sondern auch die lüsternen Gestalten der Pane, Satyrn und Faune, die sie bei ihrem Bad in der Quelle belauschen, überfallen und entführen wollen. Das gegenüber Horaz neu eingeführte und aus dem Susanna-Stoff entwickelte erotische Motiv führt schließlich zu einer Umdeutung des Quellen-Opfers, das nun als Dank für die Behütung des schutzlosen jungen Mädchens bestimmt ist. Salmon Macrin hat somit das antike Kolorit streng gewahrt und die horazische Vorlage um beschreibende, sakrale, mythologische und erotische Elemente erweitert.

> *Epithalamia* IV: Ad Brissam, nympham fontis Iuliodunensium
>
> 1. Brissa, quae custos trepide fluentum
>   fontium, regnas per aprica prata,
>   et foues riui gelidis uirenteis
>   potibus herbas,
>
> 2. ualle cui late dominanti opaca   5
>   aesculi parent salicesque glaucae et
>   quae uia fessis patet hospitali
>   populus umbra,
>
> 3. huc dies Cancro referente siccos
>   aurea accedet quoties Gelonis,   10
>   ne sinum claudas, tua neu lauanti
>   gaudia celes.
>
> 4. Marginem propter modo ne procaces
>   Panes insultent Satyrique nudae,
>   neue subrepat latitans propinquo   15
>   Faunus ab antro.
>
> 5. At domum talis redeat Gelonis
>   a tuis, Nymphe mihi culta, lymphis,
>   qualis a Boebeide uel Libyssa
>   Pallas ab unda.   20
>
> 6. Cespite extructam uiridi quotannis
>   hoedus intinget tibi caesus aram,
>   nec merum deerit neque textae odoro
>   flore coronae.
>
> (Jean-Salmon Macrin, Le livre des Epithalames, Les Odes, édition critique...par G. Soubeille, Toulouse 1978, p. 144)

Die deutlich längere und kompliziertere VI. Ode *Ad Brissam nympham* (in 13 asklepiadeischen Strophen), in der er ein Bild der Idylle, in der er leben, und der Quelle, die er besingen will, entwirft, ist auf den ersten Blick ein ebenso geschicktes Pastiche aus Horaz und Vergil. Doch die Quelle symbolisiert zugleich die lyri-

sche Gattung, die er erwählt hat, um die epischen Stoffe und den erhabenem Stil
dem begabteren Flaminio, seinem jungen Schwager zu überlassen. Das Motiv der
apologetischen Abwehr ist aus Horaz (c.II 1) genommen, und antikisierend sind in
diesem Gedicht auch die gesamte Vorstellungswelt, die Praxis des mythologischen
Vergleichs und der Gebetsstil.

Epithalamia VI: Ad Brissam nympham

1. Expultrix grauium sollicitudinum,
   te nunc, Brissa, canam, nulla celebrior
   ut sit lympha sacris rupibus Aonum
   aut Idae Phrygiae iugis.

2. Nam seu post rapidum dulce meridiem   5
   herbis membra super sternere, eburnea
   ludentem cithara, seu uacuum iuuet
   matutina magis quies,

3. ad fontis tremuli murmur amabile,
   securo innumeris picta coloribus   10
   prata haud defuerint, nec patulae nouis
   passim frondibus arbores.

4. Caesum hic ales Ithym Daulias integrat
   nigris ilicibus flebiliter gemens,
   et turtur uiduus uoce tibi nemus   15
   uicinum querula replet.

5. Spissis aura comis sibila perstrepit
   somnosque exiguo murmure pellicit;
   custodes ouium rustica dulcibus
   dicunt carmina fistulis.   20

6. Hic me sub platani tegmine caelibis
   captantem tenuis frigora uentuli
   afflat dulcisoni pectinis arbiter
   toto numine Cynthius.

7. Non ut Maeoniis cantibus audeam   25
   Titanas memorare atque acies deum,
   ut Phlegraea cohors montibus arduos
   montes imposuit minax.

8. Inuictis neque uti uiribus Hercules
   Antaeum Libyco puluere strauerit,   30
   aureumque abstulerit uictor Amazoni
   in certamine baltheum.

9. Heros haec referat Flaminius tuba
   cum matura uirum tempora fecerint,
   mira Flaminius nobilis indole   35
   et centum puer artium.

10. Me dulcem satis est posse Gelonidem
    imbelli cithara tradere posteris,
    inter Pictonicas et ueterum Andium
    forma praecipuam nurus.   40

11. Nec te, Brissa, meis non fidibus canam

> puro iugis aquae gurgite fertilem,
> altricem salicum ualle recondita
> pratorumque uirentium.

12. Sic glaucam tremula semper harundine   45
     incingare comam, perspicuas neque
     sus obturbet aquas, prataue proterat
         lasciuo pede bucula.

13. Huc potum quotiens, huc quotiens, dea,
     dormitum ueniam fessus ab oppido,   50
     quod Caesar statuit Iulius, haud tuas
         uati delicias neges.
         (Jean-Salmon Macrin...éd. Soubeille, 148)

Joachim Du Bellays (um 1525 - 1585) im Jahr 1557 oder 1558 verfaßte, 88 Verse umfassende elegische Erzählung von der Entstehung der Quelle Veronis[70], die er der Königin Marguerite widmete, mutet auf den ersten Blick wie eine artifizielle Kombination zweier Metamorphosen Ovids, der Daphne, aus der die Reden der fliehenden Veronis und ihres Verfolgers, des Seegottes Benacus, genommen sind, und der - sogar ausdrücklich erwähnten (v. 46) - Arethusa, die, in eine Quelle verwandelt, unterirdisch flüchtet, um schließlich gerettet in fremdem Land wieder aufzutauchen[71]. Du Bellay hat jedoch das rein literarische Spiel damit überwunden, daß er einen Mythos für die Quelle seines Gönners Spiffam[72] geschaffen und in die stark erweiterte Beschreibung der realen Landschaft (v. 57-66 und 71-82) die Erklärung des Naturwunders einer versteinernden, d.h. stark kalkabscheidenden Quelle einbezogen hat (v. 67 f.), die, bevor sie wieder versickert, eine Wassermühle antreibt (v. 69 f.). Die besondere Eigentümlichkeit liegt also darin, humanistische Gelehrsamkeit mit dem Sinn für die eigene Landschaft und sogar für Naturwissenschaft und Technik zu verbinden[73]. Eine knapp angedeutete bukolische Nachtszene, von Chören singender Nymphen, Satyrn und Dryaden belebt, leitet rasch zum panegyrischen Schlußteil über.

---

[70] Outrey (1932-33) 246-261, datiert die Elegie auf die Zeit nach der Rückkehr Du Bellays aus Italien gegen Ende des Jahres 1557. Die erste Veröffentlichung datiert bereits 1558, vgl. Smith (1977) 295-305.

[71] Saulnier (1951) 135 ff. behandelt die Mythen Du Bellays und weist auf die häufige Darstellung mythischer Gestalten, besonders der Nymphen und Satyrn in der zeitgenössischen bildenden Kunst hin (138), widmet jedoch leider der lateinischen Dichtung Du Bellays nur wenige knappe Bemerkungen (100-105).

[72] Spiffam war Grundbesitzer in Véron (8 km von Sens, Dpt. Yonne, entfernt) und als möglicher Gönner für Du Bellay wichtig. Die Quelle wurde auch nach Saint Gorgon benannt.

[73] Eine Quelle als Naturwunder beschreibt auch Denis Salvaing de Boissieu (1600-1683) in seiner poetischen Beschreibung der *Septem miracula Delphinatus*, Gratianopoli (Grenoble) 1656: das Wunder einer feuerspeienden Quelle in der Nähe von Grenoble wird mit dem neuen Mythos der verwandelten Nymphe Pyrocrene erklärt.

Elegiae 8: Veronis, in fontem sui nominis,
Ad Iac. Spiffamium Episc. Nivernens.
Verona genitrice olim Phoeboque parente,
  Benaci ad ripas edita Nympha fui,
Nympha decus Latii, qua non formosior ulla
  formosas uisa est inter Hamadryadas.
Veronis mihi nomen erat: Veronidis ardor   5
  syluestres ussit capripedesque deos.
Quos tamen elusi connubia nostra petentes,
  nec mea lasciuus pectora laesit amor.
Nam mihi uirginei placuit laus una pudoris,
  solaque, quam colui, casta Diana fuit.   10
Multa meis iaculis praeda est deiecta, meumque
  inscriptum spoliis robora nomen habent.
Sed, dum forte sequor celeris uestigia ceruae,
  dumque leuis crineis uentilat aura meos,
me pater aspexit uitreo Benacus ab antro,   15
  continuo flammis incaluitque nouis.
Ergo deus uisamque cupit sequiturque cupitam
  praecipiti fugio nota per arua pede.
Non amnes montesque fugam, non saxa morantur:
  tardius e neruo missa sagitta uolat,   20
nec minus illa uolat. Magnum est certamen utrimque:
  me timor, ast illum feruidus urget amor.
Quem fugis? ah demens: saeuum sic cerua leonem,
  crudelem mitis sic fugit agna lupum.
Non ego cornigeri natus de sanguine Fauni,   25
  nec sum lasciuo de grege capripedum.
Me quondam Hesperiis genuit pater Adria campis,
  cui Tethys genitrix Oceanusque parens.
Hunc tibi do socerum. Non est leue numen aquarum:
  Benacus coniux nec tibi turpis erit.   30
Sic ait, et rapidis praeceps uolat ocyor Euris:
  effugio celeri per iuga summa gradu.
Iamque per aerios colleis camposque patentes
  uentum erat undosi littus ad Eridani.[74]
Tum mihi decurrit toto de corpore sudor,   35
  spiritus et grauior tum mihi membra quatit.
Et iam iamque magis fessam premit improbus hostis,
  iamque meas afflat proximus ore comas.
Virginis o miserere tuae, Latonia uirgo,
  si colui numen, Nympha pudica, tuum.   40
Vix ea finieram, totumque liquescere corpus
  coepit et ex Nympha lympha repente fui.
Me tamen ille capit uotoque potitus inani
  stringit, at ex manibus protinus effugio,
in uenasque abeo magnae per uiscera terrae: 45

---

[74] Der leichte Anklang des Versanfangs an die *9. Satire* des Horaz ist nicht zufällig; Demerson (1990) 89-98 weist zahlreiche aus Horaz entlehnte Formulierungen, Motive und Gedanken bei Du Bellay nach, obwohl dieser nie die horazische Odenform benutzte.

lusit amatorem sic Arethusa suum.
Non tamen effugies, dixit, liquidusque repente
    persequitur nostram saeuus, ut ante, fugam.
Sed grauior, cursumque trahens maioribus undis,
    inuitus fontes reppetit ipse suos.   50
Nec minus interea (uireis timor addit eunti)
    sub terram celeri labimur unda pede.
Quaque licet, patrios tuto iam tramite campos
    linquimus et Latii rura inimica soli.
Linquimus Allobrogum montes Alpeisque niuosas,   55
    tangimus et fines, Gallia pulchra, tuos.
Finibus et Senonum fessae requieuimus: illic,
    illic tam longae meta reperta fugae.
Paruus erat molli deiectus tramite cliuus,
    hunc subter uiridi gramine floret ager.   60
Illic herboso paulatim cespite campus
    in tumulum surgit: hac uia aperta mihi est.
Hinc nouus egredior salientis riuulus undae:
    hic caelum nobis contigit atque solum.
Quin mirere magis: late porrectus in orbem   65
    fons scatet, atque imo uortice torquet aquas.
Hinc furit emissus sinuoso e gurgite riuus,
    limosusque fluit, duraque saxa creat.
Dura silex Cererem rapido demittit ab orbe,
    quodque opus est amnis, fontis et illud opus.   70
Inde per herbosum trepidanti murmure callem
    nostra suum timide lympha recurrit iter,
atque iterum liquido sub terram mergitur amne:
    nunc quoque uirginei cura pudoris inest.
Aureus est fundus nobis, argentea lympha,   75
    purpureo circum flore renidet humus.
Et circum in uiridi crepidantis margine riui
    intexunt densas lenta salicta comas.
Hic uolucres liquidas mulcent concentibus auras;
    hic faciunt somnos murmura blanda leueis;   80
hic cantant niuei per prata recentia Cygni;
    hinc pastique ferunt ubera tenta greges.
Pacciades Nymphae, Satyri, Dryadesque puellae
    hic agitant laetos nocte silente choros,
alternisque canunt diuini fontis honores,   85
    Spiffamique sui nomen in astra ferunt.
Qui pecus immundum nostris procul arcet ab undis,
    et sacri fontis me iubet esse Deam.

            (Joachim DuBellay, Poematum libri quatuor, Paris 1558, zitiert
            nach Oeuvres poét. VII, Oeuvres latines, Poemata, texte pré-
            senté, établi, traduit et annoté par G. Demerson, Paris 1984)

Die gleichen Absichten und die unverfrorene Vermischung der christlichen mit der antiken Welt finden sich in Du Bellays in Hendecasyllaben gehaltenem Epigramm auf die Quelle (oder den Brunnen) des Papstes Iulius III. Gelehrt und witzig zugleich wird die inmitten der Weinberge entspringende Quelle und ihre Weihung an die Nymphen (*deae*) der Jungfrauen-Quelle aus dem antiken Mythos erklärt: hier sei es gewesen, wo die Nymphen den von Iuppiters Blitzschlag glühenden

Bacchus-Knaben abgekühlt hätten. Dem Epigramm-Stil entspricht die Struktur der an den Wanderer gerichteten Frage mit Antwort[75].

Epigrammata 42 : In fontem Iulii III P. M.

Cur has pampineis iugis Iulus
fontis uirginei Deas sacrarit,
hospes, scire cupis? Ferunt Lyaeum
ignibus patriis adhuc rubentem
Nymphas culmina montium colentes   5
hoc pellucidulo abluisse fonte.
        (Joachim DuBellay, éd. Demerson, p.111)

Einem besonderen Ereignis und einer besonderen Absicht ist das Quellen-Gedicht des J e a n   D o r a t (Johannes Auratus, 1508-1588) zu verdanken. Im Juli des Jahres 1549 unternahmenn die Dichter der Pléiade von Paris aus einen gemeinsamen Ausflug zur Quelle von Arcueil und beschlossen einen Dichterwettstreit über das Thema dieser Quelle. Erhalten sind Jean Dorats am gleichen Abend vorgetragenes Gedicht *Ad fontem Arculii* , Pierre Ronsards *Les Bacchanales, ou le folastrissime voyage d'Hercueil pres Paris, dédié à la joyeuse trouppe de ses compagnons* 1549, und J.A. de Baïfs *La ninfe Bièvre* .

AD FONTEM ARCVLII
siue Herculii pagi in agro Parisino.
Aurati carmen

1. O Fons Arculii sydere purior,
   aestum marmoreo frigore qui domas,
   quamuis arua furens Erigones canis
     lentis excoquat ignibus,

2. seu tu nomen habes arcubus a tuis   5
   quorum relliquiae semirutae patent
   moles, quae geminis nunc quoque cornibus
     incumbunt geminae tibi:

3. magni forsan opus regis apostatae,
   qui, missus Latii finibus aduena,   10
   sedes hic posuit, iugera Gallici
     princeps multa tenens soli.

4. Seu fors grata tibi causa uetustior
   huius nominis est, atque libentius
   audis Herculii fons, et ouans tui   15
     crescis laudibus Herculis.

5. Nam fama est et in haec clauigerum loca
   aduenisse patrem, siue tricorporis
   cum monstri domitor gente ab Iberica
     uictorem retulit pedem,   20

---

[75] Millet (1990) 578 mit Anm. 26 erinnert an die Beliebtheit des Brunnenlobs bei den Epigrammatikern L. Gambara (Epigrammata 1555) und Faustus Sabaeus (Poemata 1556)., vgl. Kap. V.

6. seu tunc Hesperidum cum decus auferens
   syluis ac pretium, ditibus aurei
   mali ponderibus tardus, Atlanticis
       uix undis caput extulit.

7. Hinc Graiis etiam Gallicus Hercules   25
   notus, cuius erat forma catenula,
   aures quae traheret pensilis aurea
       uulgi, orator et eloquens.

8. Forsan cultus et hic Herculeus pater
   quondam, non minus ac Gadibus in suis,   30
   qua fons, Herculeo par tibi nomine,
       templum dicitur Herculis

9. perfudisse sacris rite liquoribus:
   qui (mirum) mare cum cresceret aestuans,
   decrescebat, ubi deficeret, suo   35
       exundabat ab alueo.

10. Huius tu ueteris fontis imaginem
    seruas: namque duplex imminet arx tibi
    illis aequa columnis, tuus Hercules
        quas finem statuit uiae.   40

11. Fors et nunc Nemees terror ubi furit,
    urens cuncta suis syderibus Leo,
    te numenque tuum uitat, et Herculis
        arcus horret adhuc sacros.

12. Fons tu nobilium gloria fontium,   45
    quotquot Naïadum Sequanidum sacra
    semper uoce sonant, semper amabili
        Nympharum strepitant choro.

13. Nec te uincat honos famaque gurgitis,
    quem pendentis equi protulit ungula: 50
    sic te celsus et hinc claudit et hinc duplex
        umbo structilis aggeris,

14. instar montis, aquas qui gemini tegit
    umbra uerticis et Pegasidum nemus:
    hic Phoebo sacer, hic non ululatibus   55
        unquam, Bacche, carens tuis.

15. Sunt hic et sua Baccho et sua Apollini
    consecrata loca: est numinibus suis
    non indigna quies, seu genium soli,
        artem siue quis exigat.   60

16. Hinc Blandina patent tecta salacibus
    gratas in latebras Capripedum iocis,
    lasciuique gregis, qui sequitur Deum,
        cui colles uirides placent.

17. Illinc Aonidum lusibus, et patri   65
    Phoebo cara domus stat Seguieria,
    non aduersa uiris numen amantibus
        et Musarum et Apollinis.

18.Tu dum nostra tuo flumine temperas
   exsiccanda piis pocula uatibus,
   nos circum uada, circum latices tuos,   70
      has laudes canimus tibi.
         (Jean Dorat, Les odes latines, ed. G. Demerson, Fac. Lettres et
         Sciences humaines de l'Univ. de Clermont-Ferrand, nouv. série,
         fasc. 5, vol. II, 1979, 49-53)

Für die 18 Strophen umfassende asklepiadeische Ode hat Dorat die von Horaz angeregte Form des Gebetshymnus gewählt. Das Eingangsmotiv mit der Aufzählung der Qualitäten der Quelle ist konventionell, doch in Wortwahl und Stil ungewöhnlich und in der Häufung lyrischer Schmuckmittel preziös.

Die eigentlichen Absichten werden erst in den folgenden Strophen deutlich. Statt der schlichten Nennung des Namens der Quelle bietet Dorat in gelehrter Weise zwei Etymologien des Namens[76] und insgesamt vier Sagen zu seiner Aitiologie an. 1. Arculius könnte von *arcus* abgeleitet sein, und die Bögen sind die Ruine eines Gebäudes, das von Kaiser Julian Apostata errichtet wurde, einem einst in Gallien mächtigen Herrscher (2. und 3. Str.)[77]. 2. Entsprechend der zeitgenössischen Phonetik könnte *Arculius* auch mit *Herculius*[78] gleichbedeutend sein und auf die Sage des *Hercules Gallicus* deuten, der entweder als Sieger aus Spanien oder mit reichen Schätzen aus dem Lande der Hesperiden kam. Eine goldene Kette, an der er die Ohren des Volkes zog, symbolisiert seine Redegewalt (4.-7. Str.)[79]. 3. Oder die zwei wie Pfeiler aufragenden Ruinen erinnern an die Säulen des Hercules und seinen Quellen-Kult bei Gades (8.-10. Str.). 4. Schließlich wehrt Hercules an dieser Quelle wie einst in Nemea die Kraft des Löwen ab, der jetzt das Sternbild der heißen Sommertage ist (11. Str.).

---

[76] Demerson (1983) 206 führt weitere Belege der etymologischen Methode Dorats an; die 'surdétermination' mehrerer etymologischer Erklärungen ist kein logischer Widerspruch, sondern nach Platons *Kratylos* 406 b um so mehr ein Indiz für die 'Richtigkeit des Namens (Demerson 209).

[77] Demerson (1983) 128 f. wertet das Lob des bislang als Christenverfolgers verpönten Kaisers Julian als Höhepunkt freidenkerischen Philhellenentums. Dorat suchte auch in der Bezeichnung *Gallo-Graeci* einen Beweis für die einstige Verbindung der Kelten mit den Griechen (Demerson 206).

[78] Vgl. *Mons Mercurius - Montmartre*, aber *asparagus - asperges*.

[79] Der *Hercules Gallicus* geht auf den *Herakles Ogmios* in Lukians *Herakles* zurück. Zur Tradition dieser Gestalt im XVI. Jahrhunderts vgl. Hallowell ((1962), Jung (1966), besonders 73 ff., 159 ff., Huon (1973) 21 ff. Den Hinweis auf die Literatur verdanke ich der Freundlichkeit von Monika Grünberg-Dröge (Bonn). Zur Diskussion über die Deutung einiger keltischer Münzen, die einen gekrönten Kopf, umgeben von mehreren kleineren, an Ketten hängenden Köpfen, darstellen, und die Verbindung zur irischen *Ogam-Sage* vgl. Tristram (1990) 228-233 mit Abbildung der Münzen und Dürers nach Lukian dargestellten Hermes.

In diesen vier Erklärungen hat Dorat alles gesammelt, was historischen Ruhm, Heiligkeit, Reichtum, Kultur und Macht dieses Landes versinnbildlichen kann. Die Quelle symbolisiert, wie die Formulierungen ergeben, nicht nur eine begrenzte Landschaft[80], sondern Frankreich[81]. Dieser politische Bezug wird aus den aktuellen Ereignissen noch deutlicher. Als nämlich im gleichen Jahr König Henri II. in Paris einzog, war auf einem Triumphbogen ein *Gallicus Hercules* mit den Zügen François I. dargestellt. Hercules als Rettergestalt war schon in der mittelalterlichen Literatur vielfach als Prototyp Christi gedeutet worden[82]. Doch seit der Gleichsetzung der Taten der französischen Könige mit denen des Hercules - zuerst bei dem Einzug François' in Lyon 1515 und Rouen[83] - und der Entdeckung des *Gallicus Hercules* in Lukians *Herakles* war der antike Heros und Heilsbringer zum Inbegriff der Herrschertugenden[84] und als Symbol des Königs zugleich zum Inbegriff des französischen Nationalbewußtseins und des Stolzes auf eine eigenwertige, vom König verkörperte und geförderte Kultur geworden[85].

---

[80] Über Hercules als lokalen Gründerheros in der Bourgogne, in Savoyen, Paris, Poitiers, Nîmes usw. vgl. Jung (1966) 57 f.

[81] McFarlane (1973) 390 spricht von einem Kulturnationalismus, der gelegentlich an Chauvinismus grenze, vgl. auch Saulnier (1973) 42 ff.

[82] Demerson (1983) 130 f.

[83] Lecoq (1987) 204) und 226.

[84] Beim Einzug Henris war unter dem *Hercules Gallicus* an der Porte Saint-Denis eine Inschrift mit folgendem Quatrain angebracht: *Pour ma doulce éloquence et royale bonté /Chacun prenoit plaisir à m'honorer et suyvre, /Chacun, voyant aussi mon successeur m'ensuyvre, /L'honore et suit, contrainct de franche volunté.* Vgl. Jung (1966) 87, Huon (1973) 25 und Saulnier (1973) 31 ff.

[85] Erasmus von Rotterdam hatte in seinen *Collectanea adagiorum* (Paris 1500) in den *Herculei labores* (III 1,1) den Bezug zum Fürstenideal hergestellt. Der früheste französische Beleg für die Verbindung mit Frankreich ist Symphorien Champier, *Duellum epistolare: Gallie et Italie antiquitates*, Venedig 1519. Auf die Herrscherideologie sind auch die Reliefs an der Logenfassade des 1520 begonnenen, aber schon 1524 abgebrochenen Schlosses von Blois zu beziehen. Am einflußreichsten waren jedoch erst Geoffroy Torys *Champ Fleury*, Paris 1529, und die *Emblemata* des Alciatus, Augsburg 1531 und Paris 1534. Es folgten Guillaume Postels *De originibus seu de Hebraicae linguae et gentis antiquitate*, Paris 1538, Jean LeBlonds *Livre de police humaine* (Vorwort des 2. Teils), G. d'Aurigny, *Les fictions poétiques...avec la joyeuse description d'Hercules de Gaule, traduite du Grec...*, Poitiers 1541, Jehan de Brèches *Premier livre de l'honneste exercice du Prince*, Paris 1544 (14), der 1545 anonym erschienene, wohl von Claude Chappuy verfaßte *Grand Hercule Gallique qui combat contre deux* und weitere Anspielungen auf François I. als *Hercules Gallicus* bei den Dichtern der Pléiade. Vgl. auch Etienne Pasquier, *Le pourparler du Prince* (1560, in *Oeuvres*, Amsterdam 1723, vol. I col. 1017 ff.). Vgl. Jung (1966) 73 ff., Lecoq (1987) 425.

Auch andere Dichter der Pléiade übernahmen mit der Hercules-Gestalt die offizielle Herrscherideologie, die anläßlich des seit 1548 vorbereiteten Einzugs des Königs besonders aktuell war, aber auch in den folgenden Jahrzehnten nicht vergessen wurde. Dorat selbst feierte in seiner Ode 36, 49-52 auch Charles IX. als *Gallicus Hercules,* der mit seiner Redekunst das Volk für sich gewinnt[86].

Da Dorat dieses Lob der Quelle noch in die Form der Namensanrufung und -erklärung gekleidet hat, kann er nun im zweiten, dem eigentlich panegyrischen Teil des Gebetshymnus weitere Prädikationen einfügen, in denen Antikes und Lokales sich vermischen. Der Ruhm dieser Quelle übertreffe den aller anderen Seine-Quellen und sogar den der griechischen Musen-Quelle. Denn hier sei das Reich des Apollo und des Bacchus. Das (noch nicht identifizierte) Haus des Blandinus (oder Blandus) ist offenbar ein Weinbauernhof, wie die mythologischen Periphrasen der 16. Strophe ergeben; das benachbarte Haus des Freundes Séguier ist eine Stätte der Dichtung. In der Schlußstrophe vereint Dorat das Apollinische mit dem Bacchantischen im Gelage der Dichterfreunde, die das Lob der Quelle singen werden. Wie schon bei Horaz ist ein solches Versprechen selbst-referentiell und mit diesem Gedicht erfüllt.

Die Ode R o n s a r d s ist eine direkte Antwort auf die abendliche Rezitation des Gedichts *Ad fontem Arculii* .

> *Les Bacchanales*
> ou le folastrissime voyage d'Hercueil pres Paris...
> Io! compains n'oyez-vous   573
> De Dorat la voix sucrée
> Qui recrée
> Tout le ciel d'un chant si doulx
> Io! Io! qu'on s'avance:
> Il commence
> Encor à former ses chantz
> Celebrant en voix Rommaine
> La fontaine
> Et toutz les Dieux de ces champs . . .
> . . .
> Preston donq à ses merveilles   583
> Noz oreilles:
> L'entusiasme Limousin
> Ne luy permet rien de dire
> sur sa lyre
> Qui ne soit divin, divin...
> (Piere de Ronsard, Les Bacchanales ou le folastrissime voyage
> d'Hercueil, éd. ... par A. Desguine, Genève 1953, p. 127)

Das gleiche Bestreben, den Anspruch der nationalen Macht zu betonen und die literarische Kultur unter Beweis zu stellen, läßt Dorats kleines Gedicht auf den

---

86 Bezeichnenderweise griff auch Paulus Melissus Schede, der 'deutsche Horaz, bei seinem Besuch in Paris diese nationale Ausdeutung des antiken Mythos auf, vgl. den Beitrag von E. Schäfer in diesem Band.

64

Brunnen des Kardinals Birague (gest. 1583) erkennen. Die Heilkraft dieses Brunnenwassers beschränke sich nicht nur wie die von Ciceros Quelle auf die Augenheilkunde. Sondern weil er zu dem Zeitpunkt gebaut wurde, als in Frankreich der Frieden von 1580 geschlossen wurde[87], werde er zum Symbol der seitdem aufblühenden Kultur.

> *In fontes Ciceronis et Biragi*
> Libertus Ciceronis ille notus
> dictus Laurea, laureaque dignus,
> laudans carminibus sui patroni
> fontem, dixit aquas solo salubres
> erupisse oculis libros legentum,   5
> quos Marcus sine fine scriptitabat.
> Laudetur tuus ille fons, Birage,
> usus in populi Lutetiani
> uestra praebitus a benignitate.
> Nam quo tempore fons et ille factus,   10
> Gallis tempore facta pax eodem,
> qua florentibus artibus librisque,
> nunc lectorum oculis labriosis
> fons hic fundet aquas salubriores,
> quam Marci Ciceronis ille Tulli.   15
> (Jean Dorat, Les odes latines, ed. G. Demerson, Paris 1979, 385)

Als später Nachhall der *Ode III 13* des Horaz sei hier G i o v a n n i P a s c o l i s (1855-1912) in gleichem Metrum und Umfang gehaltene und doch so andersartige *Bandusia-Ode* in Erinnerung gebracht, die als 12. Gedicht in dem 1910 veröffentlichten prosimetrischen Erzählgedicht *Fanum Vacunae* steht. Der wiedererstandene Horaz geht über sein Landgut in den Sabinerbergen, das ihm kürzlich Maecenas geschenkt hat. Zum ersten Male wieder der Großstadt Rom entkommen, nimmt er intensiv die Geräusche des Bauernhofes, die Stimmen des Viehs und der Vögel wahr und verfällt in ein Sinnen über die Ereignisse und Erleidnisse seines bisherigen Lebens. Als er eine Quelle entdeckt, gleiten seine Gedanken bis in die Kindheit zurück. In Erinnerung daran nennt er die Quelle Bandusia und wünscht sich, daß sie ihm die Heimat und die Kindheit wiedererstehen läßt.

> *Bandusia*
> 1. Te quocumque uocant nomine rustici,
>   iamnunc Bandusiae fons eris, et tuas
>   undas Appula puras
>   pura fundat ab amphora,
>
> 2. quae dempsit puero nympha sitim mihi,   5
>   quae longis tenuit garrula fabulis
>   aurem: quas utinam nunc
>   ex te grandior audiam!
>
> 3.Dic montes patrios, dic tenues lares,

---

87 Aber auch die Friedensschlüsse von 1570 und 1573 kommen in Frage.

oro, dic ioca, dic seria, quot diu   10
  nobis abdita, mixtum
  nunc risum lacrimis cient:

4. quot percepta semel corde pio, memor
  dicam digna piis cordibus. Hauriam
    sic ex fonte canorae   15
  uates rite puertiae !
      (Ioannis Pascoli Carmina rec. Maria Soror / Giov. Pascoli, a cura
      Manara Valgimigli, Firenze 1970)

Die Erinnerung an Märchen, die er von der Quelle zu hören glaubte, an die Landschaft seiner Heimat, an einstigen Scherz und Ernst werden durch den Anblick der Quelle wiedererweckt. Sie wird dadurch jedoch nicht zu einem bestimmbaren und beschreibbaren Ort, sondern zu einem durch den Namen evozierten Symbol seiner Kindheit. War die Quelle einst Symbol reiner Dichtung, so wird sie hier zum Medium der Rückerinnerung an die Kindheit, die erst selbst die Inspiration der Dichtung bewirkt [88].

V

Schon vor der Mitte des 16. Jahrhunderts inspirierte auch der Bau von Brunnen und Fontänen zu Gedichten, meist nur kurzen Epigrammen panegyrischen Charakters. Das Motiv des fließenden, kühlen Wassers und die gleiche Bezeichnung *fons* erklären, daß die Motive der Quellen-Dichtung auch auf diese Sondergattung übertragen wurden, ja bald traten die kunstvollen Brunnen und Fontänen in Konkurrenz zur Naturschönheit der Quellen[89].

Beginnen wir mit einem Concetto des G i o v a n n i P i e t r o V a l e r i a n o (1477-1558) auf eine Cupido-Statue, die das Brunnenwasser speist. Die poetische Wertung ist hier der Technik noch feindlich. Keine der - natürlich hier realisierten und unter der Hand auch gerühmten - technischen Vorkehrungen wie Röhre, unterirdische Kanäle und Fontänenpumpe sei es, die den Brunnen speise, sondern die Tränen der unglücklich Verliebten.

Cupido fontanus in hortis Illustriss. Princ. Isabellae Mant.
  Aqua haec, perenni quae redundat flumine,

---

88 Elwert (1986) 123: "Diese völlig neue (sc. prosaische) Sprache Pascolis entsprach seiner Auffassung vom Wesen der Dichtung. Der Dichter sei nur der Interpret der Dingwelt. Was sie ihm sagt, bringt er in Verse. Der wahre Dichter hat sich die Fähigkeit bewahrt, die Welt mit den Augen eines Kindes zu sehen." Die poetische Konzeption findet sich also auch in den lateinischen Dichtungen, führt jedoch dort nicht zu einer Abweichung vom Stil der horazischen Lyrik. - Zum *Fanum Vacunae* vgl. Blänsdorf (1984) 75-77.

89 Zur Brunnenkunst der Zeit vgl. den Beitrag von E. Schäfer in diesem Band.

> non est, ut ominare, uenis eruta;
> Non fistulatim ductus humor pensilis:
> Non per meatus lympha subterraneos,
> Emissa plumbo prosilit foratili.   5
> Non spiritali pulsa folle excluditur;
> Sed ex amantum lacrimis (quas improbus
> Pascit Cupido) manat unda lugubris.
> (Gruterus, Delitiae. II 1377)

Das erste der Epigramme des G i u l i o   R o s s i   aus Orte (Iulius Roscius Hortinus, Freund des Aldus und Paulus Manutius) ist mit der Nennung von Musen, Pan und den Nymphen der Quellen-Dichtung noch so angeglichen, daß nur die Lage im Garten verrät, daß es sich um einen Brunnen handelt. Das zweite Epigramm preist die Schönheit einer marmornen Nymphe, die am Brunnenrande liegt und durch die Spiegelung im Wasser eine staunenerregende Lebendigkeit erhält.

> *In fontem Pineum.*
> Hic fons est; cuius latices placuere Camoenis,
>   cuius et e pleno Delius amne bibit.
> Hic citharas Pan adpendit, calamosque sonantes,
>   hic et Nympharum dulcia plectra chori.
> Murmure dum rauco fons perstrepit, adsonat aether,   5
>   adsonat et plausu Tibridis unda suo.
> O fons illustris Musarum dignus in hortis
>   perpetuo uatum candida labra riges.
> (Toscanus II p. 542s.)

> *In Nympham fontis custodem.*
> Hic molli indulgens somno secura quiescit
>   Nympha loci, ad murmur dulce cadentis aquae.
> Eminet in uitreo pellucens amne lapillus;
>   Et concha e uario tincta colore micat.
> Additur et fonti decus ingens: ipsa sub undis   5
>   pulcrior arridens ludit imaginibus.
> Hic amens stupidusque haerens miratur utramque
>   oblitus pastor fonte leuare sitim.
> Tantum forma mouet uana sub imagine; tantum
>   excisa in duro marmore Nympha potest.   10
> (Toscanus II 542)

Es ist die Variation eines anonym überlieferten, angeblich alten Epigramms, das Toscanus 1576 in folgender Fassung überlieferte:

> Huius nympha loci, sacri custodia fontis
>   dormio, dum blandae sentio murmur aquae.
> Parce meum, quisquis tangis cava marmora, somnum
>   rumpere: sive bibas, sive lavêre, tace.
> (Toscanus I App. 890)

Das Thema ist im 16. und 17. Jh. in Dichtung und Malerei oft wiederholt worden, bot es doch willkommenen Anlaß zur Darstellung nackter weiblicher Schönheit [90].

Die technische Leistung einer Quellenfassung und der Anlage langer unterirdischer Kanäle rühmt das Epigramm des M a r c a n t o n i o   F l a m i n i o , dessen ganz der Naturwelt hingegebene *Lusus pastorales* wir schon ausführlich zu behandeln hatten. Die schon von Urceus Codrus (?) idyllisch geschilderte 'Quelle von Bagnaia', der die Umgebung die Fruchtbarkeit verdankte, war nunmehr so zum Dorf geleitet worden, daß sie erstmals ihren Namen ganz verdiente. Von kostbaren Brunnenanlagen hören wir bei Flaminio noch nichts, da sein Gedicht früher entstand als die erst 1556 von Vignola begonnene und bald so berühmte Villa Lante von Bagnaia.

> De fonte Bagnaiae, *Carminum liber I 32*
> Hunc fontem amoenum, qui uireta limpidis
> et ornat et foecundat ista riuulis,
> magni Rodulphi magna liberalitas
> caesis medullis montium canalia
> per longa duxit; hoc tibi, terra optima,   5
> dans munus omni praeferendum muneri.
> Nam quod uetusto polliceris nomine,
> praestare nunc primum incipis uberrima
> lympha, uocari scilicet BAGNAIA,
> vocabulo iam patrio dignissima.   10
> (Marci Antonii....Flaminiorum carmina, Patavii 1743)

Das Doppeldistichon des ebenfalls noch dem 16. Jahrhundert angehörenden L u d o v i c u s   F e n a r o l i u s rühmt die Kunst eines Brunnens, in dem der Genius der Natur, womit wohl das spiegelnde Wasser gemeint ist, sich selbst bewundert.

> *In fontem.*
> Naturae his Genius sese miratur in undis;
>   Naturae inspiciens numen, et artis opus.
> Huic fonti, huic Genio, huic arti mira omnia cedant;
>   Fontis aquae, Genii numen, et artis opus.
> (Gruterus, Delitiae I 969)

Das hier in der Art eines Concetto eingeführte Thema kehrt in der Brunnen-Epigrammatik häufig wieder. So in dem triumphierenden Epigramm des Humanisten und päpstlichen Sekretärs F r a n c e s c o   B i n i (1480/90-1556), der den Sieg des menschlichen Geistes über die gesamte Natur feiert.

> *Ad fontem*
> Qui blando obstrepitis circum nemora alta susurro,
>   glareola et quorum murmurat in gremio,

---

      natura, o fontes arti concedite, uestrum
        nec pudeat tremulos quemque referre pedes:
      nam (seu uos pariat tellus seu turbidus aether,   5
        seu mare, quo de omnes prosiliunt latices)
      ut rebus praestant homines, sollertia rerum
        humano sic iam uincitur ingenio.
          (Toscanus, II 204 r.)

Das Lobgedicht des I p p o l i t o   C a p i l u p i   (1511-1579) auf die römische Aqua Virgo ist den Motiven der *Bandusia-Ode* bis hin zum rituellen Bocksopfer so eng angeglichen, daß der Formulierung nur durch v. 9 anzumerken ist, daß es sich um die größte der römischen Wasserleitungen handelt.

          In Aquam Virginem
      Fons qui uirgineo fulges spectabilis ore,
        et Tiberim rursus per uada nota petis:
      tolle caput, tibi Roma uenit laetissima mater,
        obuia quem raptum fleuerat ante sibi
      teque sinu iam iam excipiens, noua pectore sentit   5
        gaudia et aduentu iure superba tuo est.
      tu decus antiquum, tu priscos reddis honores,
        pluraque das nobis commoda, plura feres.
      instar enim fluuii curris per strata uiarum,
        et uitreis erras conspiciendus aquis.   10
      ludis et in gremio matris, lymphaque salubri
        abluis e nostro frigidus ore sitim.
      dumque leui reuocas fugientes murmure somnos,
        iam confecta graui corda dolore leuas.
      hac iter aeternum ut facias, tibi candidus haedus   15
        flore coronatus corruet ante pedes.
        (Hippolyti Capilupi carmina, Antuerpiae 1574, 126)

In einem weiteren Epigramm, das den Erbauer der Aqua Virgo mit einem hübschen Concetto zweifach rühmen soll, verhüllt Capilupi den profanen Charakter der Wasserleitung dadurch, daß er sie, von ihrem Namen ausgehend, fiktiv verlebendigt: wie ein junges Mädchen eilt die Aqua Virgo, die wie eine Muschel in durchsichtigem Glas strahlt, durch die Stadt und in die Arme ihrer Mutter, der Stadt Rom, und braucht sich in den Straßen und Häusern der Stadt, wo heilige Sittsamkeit herrscht - hier ist das zweite Lobesmotiv - nicht zu fürchten.

      Virgo, quae nitidis transluces candida ab undis,
        ut nitet e puro splendida concha uitro,
      huc adsis studio matris terra eruta ab alta,
        illa sacro accipiet te ueneranda sinu.
      Hic tuto poteris nullo tardata timore   5
        perque uias omnes currere perque domos.
      Nec fraus uirgineum nec uis uiolabit honorem,
        sanctus enim sancta regnat in urbe pudor.
        (Hippolyti Capilupi carmina, Antuerpiae 1574, 126)

Schließlich tritt die künstlerische Schönheit des Brunnens so sehr an die Stelle der natürlichen Schönheit der Quelle, daß sie wie eine bewegte Naturszenerie gerühmt werden kann. Daß F a u s t u s   S a b a e u s , dessen Epigramm-Sammlung 1556 erschien, nicht eine natürliche Quelle besingt, soll wohl erst das genauere Verständnis des Epigramms enthüllen. Denn die Warnung an die Nymphen, im Schutz des Diana-Brunnens zu bleiben, ihn zu beschützen und sich vor den in den Büschen lauernden Satyrn und Faunen zu hüten, wird nur verständlich, wenn die lebendige Szene als Umdeutung einer entsprechenden Figurengruppe um den Brunnen verstanden wird.

> Fonte sub illustri Nymphae quae luditis, ah ne
>   uos retrahant tutis florea rura uadis.
> Vepribus his latitant Satyri Faunique bicornes,
>   uim uobis, uobis insidiasque parant.
> Hic uos et latices castae seruate, Diana   5
>   namque has sacrauit, dum lauat inter aquas.
>   (Epigrammatum Fausti Sabaei Brixiani...libri, Romae 1556,
>   758)

Den Abschluß möge ein Gedicht bilden, das zeigt, wie der von den italienischen Dichtern seit Petrarca besungene poetische Musenhain gärtnerische Gestalt angenommen hatte und nun nach poetischem Ruhm verlangte. L o r e n z o G a m b a r a (1496-1586), der in einer Serie von Epigrammen die Gartenbrunnen der Villa Farnese in Caprarola (erbaut zwischen 1559 und 1573) feierte, widmete den Brunnen des Hippolito d'Este ein 14 Hexameter umfassendes Gedicht, in dem er die Beschreibung der Figurenausstattung mit den in Wünsche verwandelten Topoi der schönen Quelle und des *locus amoenus* verband.

> Tu quoque, Fons, etiam nostro celebrabere uersu,
> quem Musae solido Aonides de marmore nec non
> illo eodem argento dudum caelatus Apollo
> Nympharumque chorus Dryadum Faunique coronant,
> Hippolyti Estensis Magni memorabile donum.   5
> Perpetui tibi sint latices umbramque ministret
> perpetuam ramis uicina uirentibus arbos,
> atque tuas circum ripas tibi floreat herba,
> herba comis late beneolentibus, et procul aestas
> torrida sit, nec te largo cum grandinis imbre   10
> inuadat Notus, et ramosa coralia frangat
> et positas circum conchas atque atterat hortos
> Hippolyti, dignos, auro quos irriget Hermus,
> et quibus Alcinoi cedant et Adonidis horti.
>   (Laurenti Gambarae Brixiani poemata, Antverpiae 1569)

Zusammenfassung

Viele Details der Quellen-Dichtungen folgen überkommenen Topoi, selbst die Epitheta werden unter dem Zwang von Metrum und Stil der lateinischen Dichtung bis zum Überdruß wiederholt.

Doch neue poetische Ansätze des Quellen-Themas in der lateinischen Dichtung der italienischen und französischen Renaissance sind ausgeprägt und lassen sich als Wechselwirkung mit der zeitgenössischen nationalsprachlichen Literatur und Kunst und als *imitatio* und *aemulatio* zur antiken Dichtung begreifen. – Horazens *Bandusia-Ode* und Petrarcas *Canzone 126* gaben das Vorbild für die Anrede an die als belebt gedachte Quelle und damit für eine innigere Zuwendung zur Natur. Diese konnte in größerer Ausführlichkeit und Verselbständigung der Szenerie-Schilderung (*Ekphrasis*) mit atmosphärischen, optischen und akustischen Details ihren Ausdruck finden – wenn auch die Topoi häufiger sind als die selbsterlebten malerischen Impressionen – oder in emotionaler Befrachtung als Spiegel der eigenen Gestimmtheit. Die daraus entspringende bewundernde Überhöhung des *locus amoenus* führte zu einer Sakralisierung der Quelle und der festlichen Begegnung mit ihr in Anrede, Gebet, Opfer und hymnischem Preis.

Wie bei Petrarca ist die Quellen-Szenerie sehr oft mit erotischen Themen verbunden, der Erwartung einer beglückenden Begegnung, der Schilderung weiblicher Schönheit oder der Trauer über vergangenes Glück und die Abwesenheit, Krankheit oder Untreue der Geliebten – die Gestimmtheit wirkt dabei auf die Schilderung der Szenerie zurück; Enttäuschung und Liebeskummer drücken sich auch in der Umkehr oder Aufhebung der Quellen-Prädikationen aus.

Außerhalb des erotischen Themas wird die Quelle als Idylle und Raum sinnerfüllten Daseins junger Liebender, Dichter und alternder Menschen, ja als Zuflucht vor äußerer oder innerer Not zum idealen Gegenbild der lärmenden Stadt oder der mühevollen und gefährlichen Reise in fremde Länder. Gerade in diesem Themenbereich findet sich die persönlichste Beziehung des Dichters zu seinem Thema, der Quelle der eigenen Heimat. Die Verknüpfung mit dem Thema Tod ist trotz des Einflusses des Petrarkismus in der lateinischen Dichtung der Renaissance selten.

Fast nur in den Hirtengedichten ist die Quelle in eine fiktive Gegenwart geholt, sonst wird sie häufiger nur in sehnsuchtsvoller und schmerzlicher Erinnerung evoziert; sie ist der von Verlust bedrohte Raum glücklicher Muße, Liebe, Musik oder Dichtung. Das Sprechen über sie vollzieht sich deshalb fast immer in der Wunschform oder der Feststellung der Irrealität.

Nur bei den beiden neapoletanischen Dichtern Pontano und Sannazaro ist die Quelle Symbol der Heimat, bei den französischen Dichtern wird sie zum Inbegriff des Heimat- und Nationalstolzes. Ihm dienen die Anknüpfung an antike Mythen oder die Erfindung neuer Lokalsagen. Dabei wurden die antike Szenerie und Anspielungen auf antike Mythen selten einmal ganz aufgegeben – wie von Navagero, der aber seinerseits auch auf lokalisierbare Details der eigenen Welt verzichtete.

Als literarisches Symbol steht die Quelle für Kunst, Dichtung, Bildung und speziell für die kleinen, lyrischen Gattungen - im Gegensatz zu den großen Formen und dem pathetischen Stil von Epos und Tragödie.

Die Fortsetzung des Quellen-Themas bilden die Brunnen- und Fontänen-Gedichte, die in Anlehnung an das Quellen-Thema oder in stolzer Ablehnung des einstigen poetischen Vorbildes die künstlerischen und technischen Leistungen der Renaissance-Kunst feierten.

Der Zwang zur Variation der eng umgrenzten Szenerie und des beschränkten Handlungsraumes führte zur Verwendung immer neuer Dichtungsgattungen, ohne daß ihr antiker Stilcharakter bewahrt wurde, zur Suche nach weiteren antiken Vorlagen. Mythologische Gelehrsamkeit, der Einsatz rhetorischer und stilistischer Mittel und Stilniveaus lassen in ihnen typische Werke der Renaissance erkennen. Daher konnten auch das preziöse Concetto, das witzige Epigramm und die parodistische Motivumkehr nicht fehlen. In stärkerer Betonung sinnlicher Impressionen und rhetorischer Steigerung zu hyperbolischem Ausdruck bahnen sich bereits Stilzüge des Barock an.

Die lateinischen Dichter streben nach formaler Vollendung durch eine möglichst klare Disposition des Themas, der auch die Verselbständigung der schildernden Teile zur Ekphrasis dient, und durch den beliebten rondo-artigen Abschluß. Dem Vorbild Petrarcas verdanken sie die Kompositionsweise mehrfacher Klage oder emotional befrachteter Beschreibung.

Dieter Janik

Humanistisch inspirierte Quell- und Flußdichtung
in Frankreich und Italien (16. Jhdt.)

Der komplexe Begriff *humanistisch* wird im folgenden in sehr einfacher Weise gebraucht. Ich meine damit das Aufgreifen und Neugestalten von Motiven der antiken und neulateinischen Dichtung durch französische und italienische Dichter, die in ihrer Muttersprache schreiben.

Die thematologische Eingrenzung des Motivkomplexes, um den es im folgenden geht, ist nicht ganz so einfach, wie der Titel des Beitrags es suggeriert. Quelle und Fluß treten in den einzelnen Gedichten teils als bedeutungsvolle Namen mit topographischem und geschichtlichem Verweischarakter hervor, teils sind sie dichterische Zeichen, deren Bedeutung sich ganz aus idealen Beziehungen - zum Beispiel in der Abhebung von Bäumen, Wiesen, Blumen, Felsen - bestimmt. Die Gliederung des Motivkomplexes in zwei Gegenständlichkeiten und Vorstellungsgrößen - *Quelle* und *Fluß* - macht außerdem andeutend auf die Notwendigkeit einer genaueren phänomenalen Differenzierung aufmerksam, die nicht nur durch die in den Gedichten genannten Realia nahegelegt wird, sondern ebensosehr durch die Vorstellungsbereiche, die sich im einen oder anderen Fall an die gegenständliche Bedeutung knüpfen können. So evoziert der Fluß häufig das Meer, das ihn empfängt, umarmt, während die Quelle Vorstellungen, die ihre unmittelbare natürliche Umgebung betreffen, wachruft.

Als Instrument der Vororientierung erlaubte mir der bezeichnete Motivkomplex die Sichtung einer großen Zahl von Gedichtbänden der bekanntesten und bekannteren Autoren Frankreichs und Italiens, die im 16. Jahrhundert als *poetae docti* an der humanistischen Prägung der nationalsprachlichen Dichtung mitwirkten. Das Ziel der Durchmusterung war die Erstellung eines jeweiligen Textcorpus für die beiden Literaturen. Bevor ich genauere Angaben dazu mache, möchte ich den allgemeinen Befund der Untersuchung mitteilen.

1) Nur in der französischen Dichtung ist eine bewußte und eigenständige Ausformung einer thematischen Untergattung, die man "Quell- und Flußdichtung" nen-

nen kann, erfolgt. Maßgeblich waren dabei, wie zu erwarten, verschiedene Mitglieder der Pléiade.

2) In der italienischen Lyrik wurde das Quellenmotiv nur sporadisch aufgegriffen. Nur in Einzelfällen tritt eine bewußte Imitatio römischer oder neulateinischer Texte zutage. Bezeichnend für die italienische Dichtung ist auch in diesem Teilbereich die indirekte Fortentwicklung von Aspekten der antiken Quellenmotivik durch die Petrarca-Imitatio.

Innerhalb der französischen Lyrik sind es zwei Gattungen, in denen sich die Quell- und Flußmotivik ausgeprägt hat: die *Ode* und das *Sonett*. Dazu kommen vereinzelt andere Gattungsformen wie z.B. die *Stances*. Da die Mitglieder der Pléiade-Gruppe in ihren Anfängen jeweils eine ihrer Persönlichkeit entsprechende Affinität zu einer bestimmten lyrischen Gattung entwickelten und diese als ihr dichterisches Terrain beanspruchten, verwundert es kaum, daß R o n s a r d - *prince de noz odes*[1] , wie Du Bellay ihn nannte -, bei der Gestaltung des Quell- und Flußmotivs eine herausragende Rolle spielt. Das Bandusia-Carmen von Horaz wie auch die in strophischen Odenformen verfaßten *imitationes* der lateinisch schreibenden Sannazaro, Flaminio, Macrin, Dorat hatten die Gattungsbindung zwischen Quellmotivik und Odenform verstärkt. So erklärt sich, daß im Odenwerk Ronsards - 4 Bücher im Jahre 1550; ein fünftes im Jahr 1552 - die Ausbildung eines thematisch eigenständigen Odentyps zu beobachten ist, in dem eine Quelle bzw. ein Fluß oder ein Flüßchen besungen wird. Es handelt sich um folgende Gedichte, die Ronsard den Büchern II bis V zuordnete, jene Bücher, in denen die horazischen Carmina modellhaft wirkten.[2]

1) Ode II, 9 (1550) A la fontaine Bellerie

 O Déesse Bellerie,
 Belle Déesse cherie
 (...)

2) Ode III, 6 (1550) A la fontaine Bellerie

 Argentine fonteine vive
 De qui le beau cristal courant,
 (...)

3) Ode IV, 5 (1550) De l´ Election de son Sepulcre

 Antres, & vous fontaines
 De ces roches hautaines
 (...)

---

[1] Vgl. das Sonett LX aus der *Olive* : Divin Ronsard, qui de l´ arc à sept cordes (...). In: J. Du Bellay, *Olive*, texte établi avec notes et introduction par E. Caldarini, Genève 1974, S. 114.

[2] Die Texte sind im Anhang abgedruckt.

4) Ode IV, 6 (1550) Au fleuve du Loir

> Loir, dont le cours heureus distille
> Au sein d´un païs si fertile

5) Ode IV, 15 (1550) A la Source du Loir

> Source d´argent toute pleine,
> Dont le beau cours éternel
> (...)

6) Ode (Le Cinquiesme Livre des Odes, 1553) A la Fontaine Bellerie

> Je veus, Muses aus beaus yeus,
> Muses mignonnes des Dieus,
> (...)

Die Abgrenzung dieser Gedichte als thematische Untergattung der vielseitigen Odendichtung Ronsards hat ihre sachliche Begründung darin, daß Ronsard in ihnen ein umgrenztes Repertoire von Motiven variiert, die aus dem Horazischen Carmen III,13 sowie aus Wendungen anderer seiner Carmina und deren Weiterdichtung durch neulateinisch schreibende Autoren stammen. Eine große Zahl dieser engeren oder ferneren intertextuellen Beziehungen sind in Paul Laumoniers Werkausgabe und seiner gelehrten Untersuchung *Ronsard, poète lyrique* nachgewiesen worden.[3] Diese bemerkenswerte positivistische Leistung kann hier nicht überboten werden. Stattdessen möchte ich - was außerhalb des Gesichtskreises und des Forschungsinteresses Laumoniers lag - die Verarbeitung des Motivrepertoires in wiederkehrenden Argumentationsstrukturen untersuchen. Grundlage dafür ist das rhetorische Grundmuster der Ronsardschen Ode mit ihrem Anredegestus.

Im folgenden möchte ich in der gebotenen Raffung folgende drei Aspekte an dem kleinen Textcorpus untersuchen: das Motivrepertoire und die Ausgestaltung von überkommenen Motiven (Ausweitung, Abwandlung oder Reduktion), die Kombination von Einzelmotiven in bestimmten Argumentationsbahnen und, schließlich, das Verhältnis zwischen Motivtradition und persönlicher Aussageintention.

Das aus der horazischen Tradition hervorgegangene Motivrepertoire umfaßt folgende Einzelzüge:

- Verherrlichung der Quelle, Preis der Transparenz des Wassers
- Sakralisierung der Quelle, Anrede als Gottheit
- Darbringung von Opfergaben
- die Quellenszenerie als vor Hitze schützender und Kühlung bzw. Trank gewährender Naturort, Segenswünsche zu ihrer Erhaltung
- das Ruhmesversprechen des Dichters an die Quelle; das Vertrauen in die Kraft des Dichterwortes.

---

3 Paul Laumonier, *Ronsard, poète lyrique*. Paris 1932, S. 430 ff.

Charakteristisch für Ronsard ist, daß er diese Motive nicht nur auf die Quelle *Bellerie,* sondern auch auf das Flüßchen *Loir* bezieht, das sich durch sein heimatliches Vendômois windet. Die Einführung von individuierenden Namen ist von Horaz angeregt und durch ihn legitimiert. Sagte nicht Horaz von sich "longe sonantem natus ad Aufidum" (c. IV,9, v. 2)?

In der Gestaltung dieser Motive wirkt sich eine für Ronsards Dichten und Singen charakteristische Grundhaltung aus: eine innige Verbundenheit mit der heimatlichen Landschaft, die alles in ihr zu einem vertrauten 'Du' werden läßt. Die wiederholten Anreden und Hinwendungen in der Rededimension der 2. Person schaffen eine Nähe, die bei Horaz selbst nicht diese Intensität erreicht. Die Verherrlichung der Quelle, des Quellwassers erfolgt durch eine Vervielfachung der preisenden Attribute: *argent* und *argentin,* Silber und Silberglanz sind die schmückenden Vergleichswörter, die an die Stelle von *vitrum* und *vitreus* treten. Nur der Freund Ronsards, Baïf, dichtete etwas schwerfällig "comme verre, atravers la pree" (*La Sorgue,* v. 9).[4] - Die Sakralisierung erfolgt in spielerischer Form "O déesse Bellerie" oder durch die Betonung der Zurückhaltung und Verehrung, die der Quellort dem Herantretenden gebietet. - Das Opfermotiv verliert seinen rituellen blutigen Ernst, der heidnisch anstößig wirken konnte. Hier war auch schon Sannazaro mit abschwächender Umgestaltung vorangegangen: *hunc ego, vitta redimitus alba, flore et aestivis veneror coronis.*[5] Das Böcklein oder Lämmchen wird als Geschenk dargebracht. Nur einmal (IV,5) ist noch vom "sang d'agnelet" die Rede.

Die Quellenszenerie wird nie deskriptiv ausgebreitet, sondern die Elemente - schattenspendende Bäume, einladender Wiesenrand, heimatlicher Boden - sind zumeist eingeflochten in das Motiv des Segenswunsches für die Unversehrtheit des Wasser und Kühlung spendenden Ortes, womit sich die Fürbitte für Hirten und Tiere verbindet. In der Ode IV,15 ist es *mon païs* selbst, das den Dichter als Fürsprecher gegenüber dem Fluß - mit der Bitte um 'nicht zu viel und nicht zu wenig an nassem Segen' - erwählt. Eine persönlichere Variation des Motivs in der Ode IV,5 besteht in der den Hirten des Umlandes in den Mund gelegten Fürbitte für die Erhaltung der natürlichen Schönheit des Grabes des Dichters, das er sich auf einer wasserumspülten Insel wünscht. - Von besonderem Gewicht und großer Vielfalt ist die Gestaltung der Beziehung Dichter - Quelle bzw. heimatlicher Wasserlauf. Die Ode IV,6 ist ganz in dieser Thematik zentriert und enthält alle drei, sonst mehrfach nur einzeln auftretenden Motivelemente: das rauschende Wasser läßt den Ruhm des Dichters weit erschallen; der Dichter empfängt seine Inspiration am Quellrand verweilend; der Dichter gibt ein Ruhmesversprechen gegenüber der Quelle bzw. dem Wasserlauf ab. Die aus dem Bandusia-Carmen bekannte Wendung *fies nobilium tu*

---

[4] Jean-Antoine de Baïf, La Sorgue. In: *La Pléiade Françoise. Euvres en Rime de Ian Antoine de Baïf.* Ed. par Ch. Marty-Laveaux. Genève 1966, Bd. II, S. 291-294.

[5] De Fonte Mergillines. In: *Poeti Latini del Quattrocento,* ed. F. Arnaldi, Milano/Napoli 1964.

quoque fontium wird fast wörtlich auch auf den kleinen Loir-Fluß übertragen. Eine andere Geste ist die in Ode IV,15 erfolgende Überhöhung des Loir gegenüber allen anderen französischen Flüssen: *nulle Françoise riviere* [...].

Zu den genannten Einzelmotiven des Gesamtkomplexes treten bei Ronsard nun noch weitere hinzu, die teils ebenfalls von römischen Dichtern, teils von Petrarca und neulateinischen Vertretern der Horaz-Imitatio angeregt sind. Da ist einerseits die Verbindung der Quelle mit einem Mythus zu nennen (IV,15), sodann die Quelle als Szenerie einer erotischen Vision, in der die Berührung des Wassers mit den körperlichen Reizen der geliebten *Cassandre* ausgemalt wird (in Buch V: im Stil einer *gayeté*).

Auch schon bei Horaz angelegt, aber von Ronsard mit ganz persönlichem Nachdruck gestaltet ist - wie schon erwähnt - die Verbindung des Quell- und Flußmotivs mit dem Ausdruck der Heimatverbundenheit, die in fünf von sechs Gedichten - manchmal intim-persönlich, manchmal emphatisch gehalten - erscheint. "Terre paternelle" ist zunächst ganz wörtlich als das Familiengut der Ronsards zu verstehen. Das Gefühl heimatlicher Zugehörigkeit weitet sich jedoch auf den Loir und das ganze Vendômois, seine Landschaft, aus.

Schließlich führt Ronsard, wovon gleich noch näher zu reden sein wird, in alle genannten Gedichte - außer dem ersten, das in großer Nähe zum Bandusia-Carmen steht - die seelische Spannung zwischen der beglückenden Erfahrung der ewigen Lebendigkeit des Quells und der Begrenztheit des eigenen Lebens durch den unausweichlichen Tod ein. Auch hier ist die sehr persönliche Anverwandlung des topischen Gedankens auffällig. Ronsard beschließt damit sogar die sinnlichspielerische Ode aus dem 5. Buch.

> Mais adieu fonteine, adieu:
> Tressaillante par ce lieu
> Vous courés perpetuelle
> d´une fuite paranelle,
> Vive, sans jamais tarir:
> Et je doi bien tôt mourir,
> [...]⁶

Das letztgenannte Motiv ist mehr als ein Motiv unter anderen. Es erzeugt eine Polarität, die auch die anderen Motive erfaßt und jeweils in eine der beiden Richtungen orientiert und entsprechend affektiv prägt. So ist in den Gedichten eine polare Gestimmtheit gegenwärtig: der Preis von Klarheit und Schönheit der Quelle bzw. des Flusses schlägt um in sorgendes Andenken an den eigenen Tod. Die Töne der Lebensfreude, die Feier des Lebendigen weichen der ernsten Einsicht in das Unabänderliche. Eine Brücke zwischen diesen beiden Polen bildet in der Argu-

---

6 Pierre de Ronsard, *A la Fonteine Bélerie* (Le Cinquiesme Livre des Odes, Édition de 1553). In: *Oeuvres Complètes* V. Ed. crit. par Paul Laumonier, Paris 1928, S. 241.

mentationsstruktur der Gedichte die Wechselbeziehung zwischen Quell und Dichter. Sie tritt in zwei Oden (II,9 und IV,6) besonders akzentuiert hervor.

Die Semantik des Wortes "bruit" erlaubt es Ronsard, das *Rauschen* des Wassers, das den Namen des Dichters in die Welt hinausträgt, und den *Ruhm* des Dichters, der sein Prestige für die Verherrlichung der Quelle bzw. des Flusses einsetzt, in engste Verbindung zu bringen. Durch sein Dichten, das sich an der heimatlichen Landschaft inspiriert, hofft Ronsard dem *long oubli*, der langen Nacht des Vergessens, zu entgehen. Diese Sinnrichtung der dichterischen Aussage prägt zugegebenermaßen einen großen Teil der Oden Ronsards. Freilich hat ihm die Quellenmotivik stärkere dichterische Impulse vermittelt als andere horazische Motive. Ronsard hat auch versucht, seinen dichterischen Gedanken auf andere heimatliche Bereiche und Gegenständlichkeiten zu projizieren. Das ist ihm zum Beispiel sehr schön gelungen in der Ode auf den Wald von Gastine (II,17), die aber vereinzelt dasteht. Quellennennungen und Evokationen ihrer mythologischen Szenerie findet man zwar noch in anderen Oden Ronsards, doch erscheinen sie dort im Verhältnis zu den Bellerie- und Loir-Gedichten wie gelehrte Übungen. Ich verweise auf die Ode IV,21 mit dem Titel *Aux Muses, a Venus, aux Graces, aux Nymphes, et aux Faunes*.

Ronsards Ehrgeiz war es, gleich mit einem epochemachenden Werk an die Öffentlichkeit zu treten und unter den Dichtern Frankreichs eine führende Rolle zu spielen. Er hatte es hinnehmen müssen, daß sein Freund Du Bellay ihm mit wichtigen Publikationen zuvorkam, bevor er selbst - mit 26 Jahren - im Jahr 1550 seine vier Bücher Oden in einer geschlossenen Edition vorlegte, die dann - worauf ich nicht eingehen kann - bis zu seinem Tod die verschiedensten Überarbeitungen erfuhr.

Angesichts der mehrfachen Variation der Quellmotivik in den Odenbüchern Ronsards und der unbestreitbaren künstlerischen Qualität der Texte darf es nicht wundernehmen, daß es nicht zu einer breiteren Fortführung dieses Dichtungsmotivs, sondern nur zu vereinzelten Nachschöpfungen dieser Art, die als anerkennendes Echo auf Ronsards Gedichte zu verstehen sind, kam.[7] In erster Linie ist in diesem Zusammenhang die strophische Ode *La Sorgue* von Jean-Antoine de Baïf

---

[7] Die dichterische Vorrangstellung Ronsards ist eng mit diesen Gedichten verbunden. Auch in dem huldigenden Freundschaftsgedicht Du Bellays "A Pierre Ronsard" werden sie evoziert:

> Qui vit doncques, Ronsard, plus que toy bien heureux,
> Plus aise et plus content? Or le dos plantureux
> De ton vineux Sabut, ores la teste peincte
> De Braie te retient, or ta Gastine saincte,
> Et les Nymphes du Loyr apres toy vont sonnant,
> Et Bellerie encor´ va tes vers bouillonnant.
> Nymphes, heureuses vous, à qui la nuict aggree
> Mener soubs tel sonneur vostre danse sacree.

Poésies Françaises et Latines de Joachim Du Bellay. Avec notice et notes par E. Courbet. Tome Second. Paris: Garnier 1931, S. 120.

zu erwähnen. Sie beginnt wie ein Preisgedicht auf die Quelle, in der einst Petrarcas
Laura badete, nimmt dann aber den Charakter einer Liebesklage an, die unschwer
als Imitation von Petrarcas Canzone *Chiare fresche e dolci acque* zu erkennen ist.

> O toy le bien heureux ombrage
>> Qui t´egayes de rameaux verds:
>> Dont ce bien mesuré corsage,
>> Et ces beaux membres as couuerts:
>> Où Laure sa teste a posee,
>> Et de son long s´est reposee.
> Et toy florissante verdure,
>> Qui dans ton giron amoureux
>> As receu toute sa vesture,
>> Voire son beau flanc vigoreux
>> Qui dans ton herbe plus épaisse
>> Sa chaleur amoureuse laisse.
> Et vous petits vents dont les oeles
>> L´air serén vont rafrechissant:
>> O vous touts les temoins fideles
>> De l´amour dont suis languissant,
>> Venez voir en quelle maniere
>> Ie vous fay ma plainte derniere.

Die Sonettdichtung wurde in Frankreich durch die *Olive* D u   B e l l a y s - er-
schienen im Jahre 1549 - als petrarkistische Liebesdichtung initiiert. Durch diese
thematisch-stilistische Prägung und die streng gebundene Form war die neu hin-
zugewonnene dichterische Ausdrucksform für die Gestaltung der Quellenmotivik
horazischer Provenienz wenig geeignet. Ein Sonett der *Olive*, das in den ersten
zwei Versen eine horazische Ausrichtung erwarten läßt, mündet doch in eine, wenn
auch humanistisch verbrämte, Huldigung an die Geliebte.

> Loyre fameux, qui ta petite source
> Enfles de maintz gros fleuves et ruysseaux,
> Et qui de loing coules tes cleres eaux
> En l´Ocean d´une assez vive course:
>
> Ton chef royal hardiment bien hault pousse
> Et apparoy entre tous les plus beaux,
> Comme un thaureau sur les menuz troupeaux,
> Quoy que le Pau envieux s´en courrousse.
>
> Commande doncq´ aux gentiles Naïdes
> Sortir dehors leurs beaux palais humides
> Avecques toy, leur fleuve paternel,
>
> Pour saluer de joyeuses aubades
> Celle qui t´a, et tes filles liquides,
> Deifié de ce bruyt eternel.[8]

---

8   Joachim Du Bellay, *L´Olive*. Ed. crit. par. E. Caldarini, Genève 1974, S. 57.

Nur von P o n t u s   d e   T y a r d ist mir ein Sonett aus den *Erreurs amou-reuses* bekannt, das tatsächlich im Raume eines Sonetts Ronsardsche Quellmotivik durchführt:

> Ruisseau d´argent, qui de sourse inconnue
> > Viens escouler ton beau cristal ici,
> > En arrosant aus piez de mon BISSY
> > Le Roc vétu et la Campagne nue:
> Pour la pensée en mon coeur survenue
> > Quand près de toy je fondois mon souci,
> > Je te vien rendre eternel granmerci,
> > Couché auprès de ta Rive chenue.
> Un vert esmail d´une ceinture large
> > T´enjaspera et l´une et l´autre marge,
> > Puis j´escriray ces vers sus un Porphire:
> LOIN, LOIN, PASTEURS, SI PROFANES VOUS ESTES,
> > CAR LES NEUF SEURS, EN FAVEUR DES POETES,
> > M´ONT CONSACRÉ LE MACONNOIS BAPHIRE.[9]

Das Bachufer als Inspirationsort, die namentliche Nennung des Landsitzes, die Warnung vor der Profanierung des gleichermaßen den Musen und dem Dichter heiligen Ortes - alle diese Motive werden von Pontus de Tyard mit der Verherrlichung des silberglänzenden Wasserlaufs verbunden.

Vom selben Autor stammt übrigens eine eigenartige Komposition mit dem Titel *Douze Fables de Fleuves ou Fontaines, avec la description pour la peinture et les epigrammes*. Die Texte entstanden wohl im Jahr 1555, wurden jedoch erst 1585 von dem Freund Tabourot veröffentlicht. Die Eigenart des Werks besteht darin, daß in jedem Abschnitt jeweils der Mythus knapp erzählend wiedergegeben wird, der sich um eine Quelle oder einen Fluß der antiken Welt rankt, danach wird ein Bildaufbau für die malerische Gestaltung skizziert, worauf noch ein epigrammatisches Sonett folgt, in dem der Mythus dichterisch kondensiert erscheint.

In der Sonettdichtung - und das scheint für Italien wie Frankreich zu gelten - hat das Quellenmotiv keine besondere Stilisierung oder gar Verselbständigung erfahren. So ist kein dichter Traditionszusammenhang von Quellmotivik durch wiederholte Imitatio entstanden. Nur in einem Fall scheint es zu einer bedeutsamen Imitatio-Kette, die von einem Quellgedicht Andrea Navageros ihren Ausgang nahm, gekommen zu sein. W. Theodor Elwert hat den Nachdichtungen des Epigramms *Et gelidus fons est, et nulla salubrior unda*, [...] durch Ronsard, Luigi

---

9   Pontus de Tyard, *Les Erreurs Amoureuses*. Ed. crit. par Jahn A. McClelland, Genève 1967, S. 286.

Tansillo und später noch Philippe Desportes in seiner Studie *Il Petrarchismo cinquecentesco e la poesia latina degli umanisti* nähere Aufmerksamkeit geschenkt.[10]

Ansonsten tritt das Quellmotiv in der italienischen Dichtung kaum selbständig hervor. Nur bei wenigen Dichtern des Cinquecento ist eine bewußte und eindringliche Gestaltung von Einzelzügen, die aus der horazisch-neulateinischen Tradition stammen, zu entdecken. Fast immer ist das Quellmotiv in die Liebesdichtung verwoben, in der petrarkistische Haltungen und Redesituationen dominieren.

Am deutlichsten treten die Anklänge bei B e r n a r d o   T a s s o   hervor. Im folgenden Sonett werden die Flußnymphen, die oft den Liebesklagen des Dichters gelauscht haben, zur Feier der neugewonnenen Freiheit eingeladen. Sowohl die Wünsche für die Unversehrtheit und bleibende Schönheit des Wasserlaufs als auch die Verehrung der Nymphen an einem Blumenaltar mit einer Rosenspende bringen die bekannten Worte aus der Ode von Horaz in Erinnerung:

> Ninfe, ch´al suon de la sampogna mia,
> sovente alzando fuor le chiome bionde
> di queste si correnti e lucid´onde,
> udiste il duol ch´Amor dal cor mi apria;
> se sempre l´aura si tranquilla sia,
> che non vi turbi l´acque, e se le sponde
> del vostro fiume ognor verdi e feconde
> non sentan pioggia tempestosa e ria;
> uscite fuor de´ liquidi cristalli,
> e la mia libertà meco cantate
> in queste vaghe rive e dilettose:

---

10 W. Theodor Elwert, Il Petrarchismo cinquecentesco e la poesia latina degli umanisti. In: *Atti del convegno internazionale: Petrarca e il Petrarchismo nei paesi slavi*. Zagreb/Dubrovnik 1978, S. 173-177. Der Serie von Nachahmungen des Epigramms von Navagero ist als ein frühes Glied auch die etwas glanzlose Übertragung von Claudio Tolomei anzufügen, die - seiner Verstheorie folgend - die Distichen in italienischer Sprache nachzuformen versucht.

IL RIO

Eccolo ´l chiaro rio, pien eccolo d´ acque soavi:
  ecco di verdi erbe carca la terra ride.
Scacciano gli alni i soli co´ le fronde co´ rami coprendo:
  spiraci con dolce fiato auretta vaga.
Febo ora dal mezzo del ciel piove ampie scintille,
  arde ora i piú freddi monti l´ adusto cane.
Férmati: troppo sei da fervide vampe riarso:
  non pònno i stanchi piedi piú oltre gire.
Qui l´ aure il caldo, qui la stanchezza i riposi,
  qui le gelat´ acque puonti levar la sete.

aus: *Poesia del Quattrocento e del Cinquecento*. A cura di Carlo Muscetta e Daniele Ponchiroli. Torino: Giulio Einaudi editore 1959, S. 758.

> che d´un altar di fior candidi e gialli
> sarete in questo dì sempre onorate,
> e d´un canestro di purpuree rose.[11]

In einem weiteren Sonett, in dem zunächst das Spiegel-Bild-Motiv in eine Huldigung an die Schönheit seiner Dame umgewandelt wird, lenkt erst das abschließende Terzett zu dem Unversehrtheitswunsch als einem topischen Motiv des Quellenthemas hin.

> Chiare fontane, ove a madonna piacque
> col netto avorio e man gentili e schiette
> nelle vostre gelate e lucid´acque
> lavarsi il viso e quelle perle elette;
> se della sua bellezza a lei non spiacque
> donarvi qualitate, in voi ristrette
> serbate quella immagine, che nacque
> per esser donna delle più perfette:
> ch´io verrò a voi con immortale usanza,
> e nello specchio delle lucid´onde
> l´adorerò, poiché non posso viva.
> E prego il ciel che nella vostra riva
> pastor falce non ponga o tagli fronde,
> né l´acqua turbi u´ fia l´alta sembianza.[12]

Die Bewahrung des einstigen Liebesortes in der unversehrten Schönheit von Wasserlauf, Wiesen, Hügeln und Wäldern steht auch im Mittelpunkt eines Sonetts von G a l e a z z o   d i   T a r s i a , der Anregungen von Bernardo Tasso aufnahm:

> Chiare fresche correnti e lucid´onde,
> Verdi prati, alti poggi e boschi ameni,
> Che d´amor siete e di dolcezza pieni
> Per virtù di quel sol che a me s´asconde:
> Sien per voi l´aure ognor dolci e feconde,
> Rugiadose le notte e i dì sereni,
> Né bifolco o pastor greggia vi meni,
> Né man fior mai ne colga o svella fronde.
> Se quella che ha di me la miglior parte
> Ch´or non è meco, i suoi alti pensieri
> Sola spesso con voi divide e parte,
> Ad ambo qual rimasi, allor che fieri
> Venti troncaro al mio legno le sarte,
> Dite, e quanto i miei dì sien tristi e neri.[13]

---

11 *Lirici del Cinquecento*. A cura di Daniele Ponchiroli. Torino 1958, S. 282.

12 Ebd. S. 282.

13 Galeazzo di Tarsia, *Rime*. Edizione critica a cura di Cesare Bozzetti. Milano 1980, S. 109.

Das harmonische Bild von Schäfern, die an blumengesäumten Quellen und Bächen, Heimstatt der Nymphen, Spiel und Gesang pflegen, wird in einem weiteren Sonett als Vergangenheit, die für immer verschwunden ist, klagend beschworen:

> Queste fiorite e dilettose sponde
>> Questi colli, quest´ombre e queste rive,
>> Queste fontane cristalline e vive
>> Ov´eran l´aure a´ miei sospir seconde,
> Ora che ˜l mio bel sol da noi s´asconde
>> Son nude e secche e di vaghezza prive,
>> E le ninfe, d´amor rubelle e schive,
>> Lasciato han l´erbe, i fior, le selve e l´onde.
> Ponete dunque, o miei pastor, da canto
>> Le ghirlande, i piaceri, i giochi e ´1 riso,
>> L´ usate rime e le sampogne e ˜l canto.
> E tu, dicea Amarilli, in cielo assiso,
>> Porgi l´orecchie al mio dirotto pianto,
>> Se ti fûr care e le mie chiome e ˜l viso.[14]

Diese Gestaltung des Motivs bei Galeazzo di Tarsia erscheint als negatives Gegenstück zu dem Gedicht, in dem C l a u d i o   T o l o m e i   vielfältige Wünsche für die dauerhaft unberührte Schönheit des Ortes seines Liebesglücks äußert.

>> Gelidi fonti in fresca valle ombrosa
> e selva d´alti pini ornata e cinta,
> là dove Iella mia da me fu vinta,
> dove io colsi di lei la prima rosa;
>> a voi non sia stagion giamai noiosa,
> né la bella verdura in voi dipinta
> da freddo resti o da gran caldo estinta,
> ma sempre sia piu verde e più vezzosa.
>> Non disturbi animal le limpide acque,
> né la selva percuota ferro crudo,
> né lupo in lei l´umili agnelle occida;
>> ma qui cantin le Ninfe, e ˜1 petto nudo
> lavin nel fonte, e questa selva fida
> più piaccia a Pan ch´Arcadia mai non piacque.[15]

Dieses Sonett ist, im Gegensatz zu den anderen Texten, als unmittelbare Nachdichtung der damals sehr bekannten Elegie von M. Antonius Flaminius *Irrigui fontes...* zu erkennen.

> Irrigui fontes, & fontibus addita vallis,
>> Cinctaque piniferis silua cacuminibus;
> Phyllis vbi formosa dedit mihi basia prima,
>> Primaque cantando parta corona mihi,

---

14 Ebd., S. 106.

15 *Lirici del Cinquecento,* commentati da Luigi Baldacci. Firenze: Salani Editore 1957, S. 479.

Viuite felices, nec vobis aut gravis aestas,
   Aut noceat saeuo frigore tristis hiems,
Nec lympham quadrupes, nec siluam dura bipennis,
   Nec violet teneras hic lupus acer oues;
Et Nymphae laetis celebrent loca sancta choreis;
   Et Pan Arcadiae praeferat illa suae.[16]

Überraschend ist, daß bei Flaminius die Geliebte den Namen Phyllis trägt, während Tolomei eine Iella besingt. Dieser Name der Geliebten des Hirten Amphipolus ist wiederum aus lateinischen Gedichten von Io. Bapt. Amaltheus und Io.Bapt. Pigna bekannt. Auch Flaminius nennt sie, aber in einem anderen Gedicht: "Cur subitò, fons turbidule, tuus humor abundat?"

In vielfältiger Weise sind die Apostrophen an *fonti, dolci fonti* und die Evokationen von *ruscelli e fonti* von T o r q u a t o T a s s o in seine höfische Liebesdichtung verwoben worden.

Ballata II

O fiumi, o rivi, o fonti,
mentr´arde il sole i monti e i colli e ´l piano,
lavate voi la bella e bianca mano
e difendete da l´ardente giorno,
questa beltà fiorita,
e quante stille sparge a´ dì più caldi
tanti siano i giacinti e i bei smeraldi,
né giamai scolorita
sia l´erba verde in questo Poggio adorno,
dolce e fresco soggiorno:
corra Febo a l´Atlante, a l´oceano,
avrà men bello albergo e più lontano.[17]

Hier ist es - in entfernter Anspielung an Horazens *..te flagrantis atrox hora Caniculae/nescit tangere* - die schöne Dame selbst, die vor dem "ardente giorno" beschützt werden soll. Kühlung soll von den "fiumi, rivi, fonti" kommen. Auch in der Wendung "sia l'erba verde in questo Poggio adorno,/dolce e fresco soggiorno" klingt noch der Segenswunsch für die lebendige Unversehrtheit des Quellortes nach.

Nur selten läßt eine breiter ausgeführte Anspielung die Rückbindung an eine identifizierbare antike Textstelle erkennen, wie in dem Sonett *Parmi ne' sogni di veder Diana.* Das Ovid-Zitat aus der Diana-Aktaeon-Geschichte wird nur in einer spielerischen Gegenwendung eingeführt:

---

[16] M. Antonii Flaminii, *Irrigui fontes* . . . In: Ranutius Gherus, *Delitiae CC. Italorum Poetarum I.* (Frankfurt) 1607.

[17] Torquato Tasso, *Aminta e Rime.* A cura di Francesco Flora. 2 Bde. Torino 1976, Bd. 2, S. 307f.

> Parmi ne´ sogni di vedere Diana
> che mi minacci: io non la vidi in fonte,
> né mi spruzzò con l´ acque sue la fronte
> né posi in vergin sua la man profana.
> [...]¹⁸

In einem Madrigalkranz aus 12 Stanzen mit dem Titel *Vaghe Ninfe del Po, Ninfe sorelle* werden von Tasso eine Fülle von Wassermotiven der antiken und petrarkistischen Tradition verarbeitet, ohne daß eine eindringliche Thematisierung eines bestimmten Motivs erfolgt.

> Vaghe Ninfe del Po, Ninfe sorelle,
> e voi de´ boschi e voi d´ onda marina
> e voi de´ fonti e de l´ alpestri cime,
> tessiam or care ghirlandette e belle
> a questa giovinetta peregrina:
> voi di fronde e di fiori ed io di rime:
> e mentre io sua beltà lodo ed onoro,
> cingete a Laura voi le trecce d´ oro.¹⁹

Demgegenüber ist es interessant zu beobachten - und damit lenke ich den Blick nochmals nach Frankreich -, wie R o n s a r d auch in den siebziger Jahren, als sich mit Desportes am dortigen Hof endgültig der sprachlich elegante und geistreiche Petrarkismus durchgesetzt hatte, in seinen *Sonets pour Helene* Gedichte mit Quellmotiven gestaltet hat, die aus der lange zurückliegenden Odendichtung in bester Erinnerung sind. An erster Stelle ist das Sonett *Afin que ton honneur coule parmy la plaine* zu nennen, wo der Dichter der verehrten Helene eine Quelle weiht, wodurch die Geliebte gleichsam in den Rang einer Quellgöttin erhoben wird.²⁰ Sie gibt fortan der Quelle ihren Namen. Weitere Motive sind auf engstem Raum miteinander verknüpft: die Mahnung an die Hirten, den Ort unversehrt zu bewahren; die Einladung an den ruhebedürftigen Wanderer, sich an der Quelle niederzulassen und sich von ihr - wie schon der Dichter - zu neuen Preisliedern auf Helene inspirieren zu lassen. Und noch ein weiteres, aus der petrarkistischen Tradition stammendes Motiv: wer aus der Quelle trinkt, die eine Liebesquelle ist, soll in heißer Liebe entflammen, wie dies dem Dichter selbst widerfuhr.

---

18 Torquato Tasso, *Aminta e Rime*. A cura di Francesco Flora. 2 Bde. Torino 1976, Bd. 2, S. 222. Vgl. damit Ovid, Met. III, Actaeon, v. 189ff.

> [...] sic hausit aquas vultumque virilem
> perfudit spargensque comas ultricibus undis
> addidit haec cladis praenuntia verba futurae:
> [...]

19 Torquato Tasso, *Aminta e Rime*. A cura di Francesco Flora. 2 Bde. Torino 1976, Bd. 1, Seconda Parte, S. 141.

20 Pierre de Ronsard, *Le Premier Livre des Sonets pour Hélène* (Sonnet L). In: *Oeuvres Complètes XVII,2*. Ed. crit. par Paul Laumonier, Paris 1959, S. 285.

An dieses Sonett schließen sich in der Ausgabe der Oeuvres von 1578 die *Stances de la Fontaine d'Helene, pour chanter ou reciter à trois personnes*. Es ist eine Ekloge aus vierversigen Alexandrinerstrophen, die von zwei Schäfern im Wechsel vorgetragen werden, bis dann ein dritter die Schlußworte spricht. Zahlreiche Motive aus der horazischen Tradition sind hier eingebunden in die petrarkistisch gestimmten Liebesklagen der beiden. Die Quelle soll den Namen Hélènes und den des - hier nicht namentlich genannten Sängers - verewigen. Der Quellort ist ein *lieu sacré*, dem in direkter Anrede Segenswünsche entboten werden:

> Le Pasteur en tes eaux nulle branche ne jette,
> Le Bouc de son ergot ne te puisse fouler:
> Ains comme un beau Crystal tousjours tranquille & nette,
> Puisse tu par les fleurs eternelle couler.[21]

Der 2. Sänger, hinter dessen Worten Ronsard selbst kenntlich wird, hofft, daß sich um die Quelle die Geschichte der unglücklichen Liebe eines *Vendomois* wie eine Mythe ranken und fortdauern wird. Mit dieser Ekloge hat Ronsard eine nicht wieder erreichte Synthese der horazischen Themen und der erotischen Quellmotivik petrarkistischer Provenienz geschaffen.[22]

---

[21] Pierre de Ronsard, Stances de la Fontaine d'Hélène. In: *Oeuvres Complètes* XVII,2. Ed crit. par Paul Laumonier. Paris 1959, S. 286-292.

[22] Bei Isaac Habert läßt sich, wie Gisèle Mathieu-Castellani gezeigt hat, der Übergang vom humanistischen Preis der Quelle zur präbarocken Meditation über die Bewegtheit und den Farbenglanz des fließenden Wassers verfolgen. Folgende Verse stehen jedoch ganz in der Pléiade-Tradition:

> Or que la Canicule ardente
> Par sa chaleur trop violente
> Fend la terre et boit les ruisseaux,
> Je veux couché sur ceste roche,
> D´ où jamais le soleil n´ approche,
> Prendre la fraîcheur des eaux...

Vgl. Gisèle Mathieu-Castellani, *Les thèmes amoureux dans la poésie française. 1570-1600* Paris: Klincksieck 1975, S. 393.

Anhang*

Livre II, Ode 9

A La Fontaine Bellerie

O Déesse Bellerie,
Belle Déesse cherie
De nos Nimphes, dont la vois
Sonne ta gloire hautaine
Acordante au son des bois,   5
Voire au bruit de ta fontaine,
Et de mes vers que tu ois.

Tu es la Nimphe eternelle
De ma terre paternelle,
Pource en ce pré verdelet   10
Voi ton Poëte qui t´orne
D´un petit chevreau de laict,
A qui l´une & l´autre corne
Sortent du front nouvelet.

Sus ton bord je me repose,   15
Et là oisif je compose
Caché sous tes saules vers
Je ne sçai quoi, qui ta gloire
Envoira par l´univers,
Commandant à la memoire   20
Que tu vives par mes vers.

L´ardeur de la Canicule
Toi, ne tes rives ne brule,
Tellement qu´en totes pars
Ton ombre est epaisse & drue   25
Aus pasteurs venans des parcs,
Aus beufs las de la charue,
Et au bestial epars.

Tu seras faite sans cesse
Des fontaines la princesse,   30
Moi celebrant le conduit
Du rocher persé, qui darde
Avec un enroué bruit,
L´eau de ta source jazarde
Qui trepillante se suit.

---

* Die Texte sind folgender Ausgabe entnommen: Pierre de Ronsard, *Oeuvres Complètes* I,
Ed. crit. avec introduction et commentaire par Paul Laumonier, Paris 1931.

Livre III, Ode 6

A La Fontaine Bellerie

Argentine fonteine vive
De qui le beau cristal courant,
D´une fuite lente, & tardive
Ressuscite le pré mourant,

Quand l´esté ménager moissonne   5
Le sein de Ceres devétu,
Et l´aire par compas resonne
Dessous l´épi de blé batu.

A tout jamais puisses-tu estre
En honneur, & religion   10
Au beuf, & au bouvier champestre
De ta voisine region.

Et la lune d´un œil prospere
Voie les bouquins amenans
La Nimphe aupres de ton repere   15
Un bal sur l´herbe demenans,

Comme je desire fonteine
De plus ne songer boire en toi
L´esté, lors que la fievre ameine
La mort dépite contre moi.

20

Livre IV, Ode 5

De L´Election De Son Sepulcre

Antres, & vous fontaines
De ces roches hautaines
Devallans contre bas
   D´un glissant pas:

Et vous forests, & ondes   5
Par ces prez vagabondes,
Et vous rives, & bois
   Oiez ma vois.

Quand le ciel, & mon heure
Jugeront que je meure,   10
Ravi du dous sejour
   Du commun jour,

Je veil, j´enten, j´ordonne,
Qu´un sepulcre on me donne,
Non pres des Rois levé,   15
   Ne d´ór gravé,

Mais en cette isle verte,
Où la course entrouverte
Du Loir, autour coulant,
Est accolant´.   20

Là où Braie s´amie
D´une eau non endormie,
Murmure à l´environ
   De son giron.

Je deffen qu´on ne rompe   25
Le marbre pour la pompe
De vouloir mon tumbeau
   Bâtir plus beau,

Mais bien je veil qu´un arbre
M´ombrage en lieu d´un marbre: 30
Arbre qui soit couvert
   Tousjours de vert.

De moi puisse la terre
Engendrer un l´hierre,
M´embrassant en maint tour   35
   Tout alentour.

Et la vigne tortisse
Mon sepulcre embellisse,
Faisant de toutes pars
   Un ombre épars.   40

Là viendront chaque année
A ma feste ordonnée,
Les pastoureaus estans
   Prés habitans.

Puis aiant fait l´office   45
De leur beau sacrifice,
Parlans à l´isle ainsi
Diront ceci.

Que tu es renommée
D´estre tumbeau nommée   50
D´un de qui l´univers
Ouira les vers!

Et qui onc en sa vie
Ne fut brulé d´envie
Mendiant les honneurs   55
   Des grans seigneurs!

Ni ne r´apprist l´usage
De l´amoureus breuvage,
Ni l´art des anciens
   Magiciens!   60

Mais bien à nos campaignes,
Feist voir les seurs compaignes
Foulantes l´herbe aus sons
   De ses chansons.

Car il sçeut sur sa lire   65
Si bons acords élire,

Qu´il orna de ses chants
   Nous, & nos champs.

La douce manne tumbe
A jamais sur sa tumbe,   70
Et l´humeur que produit
   En Mai, la nuit.

Tout alentour l´emmure
L´herbe, & l´eau qui murmure,
L´un d´eus i verdoiant,   75
   L´autre ondoiant.

Et nous aians memoire
Du renom de sa gloire,
Lui ferons comme à Pan
   Honneur chaque an.   80

Ainsi dira la troupe,
Versant de mainte coupe
Le sang d´un agnelet
   Avec du laict

Desus moi, qui à l´heure   85
Serai par la demeure
Où les heureus espris
   Ont leurs pourpris.

La gresle, ne la nége,
N´ont tels lieus pour leur siege,   90
Ne la foudre onque là
   Ne devala.

Mais bien constante i dure
L´immortelle verdure,
Et constant en tout tens   95
   Le beau printens.

Et Zephire i alaine
Les mirtes, & la plaine
Qui porte les couleurs
   De mile fleurs.   100

Le soin qui solicite
Les Rois, ne les incite
Le monde ruiner
   Pour dominer.

Ains comme freres vivent,   105
Et morts encore suivent
Les métiers qui´ils avoient
   Quand ils vivoient.

Là, là j´oirai d´Alcée
La lire courroucée,   110
Et Saphon qui sur tous
   Sonne plus dous.

Combien ceus qui entendent
Les odes qu´ils rependent,

Se doivent réjouir   115
    De les ouir!

Quand la peine receue
Du rocher, est deceue
Sous les acords divers
    De leurs beaus vers!   120

La seule lire douce
L´ennui des cueurs repousse,
Et va l´esprit flattant
    De l´écoutant.

    Livre IV, Ode 6
    Au Fleuve Du Loir

Loir, dont le cours heureus distille
Au sein d´un païs si fertile,
    Fai bruire mon renom
    D´un grand son en tes rives,
    Qui se doivent voir vives   5
    Par l´honneur de mon nom.
Ainsi Thetys te puisse aimer
Plus que nul qui entre en sa mer.

Car si la Muse m´est prospere,
Fameus comme le Lot j´espere   10
    Te faire un jour nombrer
    Aus rangs des eaus qu´on prise,
    Et que la Gréce apprise
    A daigné celebrer:
Por estre le fleuve eternel   15
Lavant mon païs paternel.

Là donc, chante moi, & me sonne
En lieu du bruit que je te donne,
    Tu voiras desormais
    Ton onde brave & fiere   20
    S´enfler par ta riviere
    Qui ne mourra jamais,
Resonant´ avec un grand son
L´honneur de ce tien nourrisson.

Ecoute un peu ma vois qui crie,   25
Et moi qui de ces bords te prie,
    Pour le paiment d´avoir
    (Eternizant ta gloire
    De durable memoire)
    Fait si bien mon devoir.   30
Quand j´aurai mon age acompli
Enseveli d´un long oubli,

Si quelqu´homme, ou Dieu arive
    Aus bords de ta parlante rive,

92

> Di leur (quand plus tu bruis) 35
> Que ma Muse premiere
> Aluma la lumiere
> En ces champs d´où je suis.
> Di leur ma race, & mes aieus,
> Et le beau don que j´u des cieus. 40
>
> Di leur, que moi de souci vide,
> Aiant tes filles pour ma guide
> J´allai au double mont
> Disciple des pucelles,
> Et dont les étincelles 45
> Si bien enflammé m´ont,
> Que pour leur grace deservir
> Seules je les voulu servir.

Livre IV, Ode 15

A La Source Du Loir

> Source d´argent toute pleine,
> Dont le beau cours éternel
> Fuit pour enrichir la plaine
> De mon païs paternel.
>
> Soi hardiment brave & fiere 5
> De le baigner de ton eau,
> Nulle Françoise riviere
> N´en peut laver un plus beau.
>
> Que les Muses éternelles
> D´habiter n´ont dedaigné, 10
> Ne Phebus qui montre en elles
> L´art où je suis enseigné.
>
> Qui sur ta rive velue
> Jadis fut enamouré
> De la Nimphe chevelue 15
> La Nimphe au beau crin doré:
>
> Et l´atrapa de vistesse
> Fuiant le long de tes bords,
> Où il ravit sa jeunesse
> Au meilieu de mille efforts. 20
>
> Si qu´aujourd´hui d´elle encores
> Immortel est le renom
> Dedans un antre, qui ores
> Se vante d´avoir son nom.
>
> Fui donques, heureuse source, 25
> Et par Vendóme passant,
> Retien la bride à ta cource
> Le beau cristal effaçant.

Puis saluë mon la Haie
Du murmure de tes flots,   30
Qui pour nëant ne s´essaie
Vanter l´honneur de ton los.

Si le ciel permet qu´il vive,
Il convoira doucement
Les neuf Muses sur ta rive   35
Pleines d´ebaissement,

De le voir seul desus l´herbe
Rememorant leurs leçons,
Faire aller ton cours superbe
Honoré par ses chansons.   40

Va donc, & reçoi ces roses
Que je repan au giron
De toi source qui aroses
Mon païs à l´environ,

Lequel par moi te suplie   45
En ta faveur le tenir
Et en ta grace acomplie
Pour jamais l´entretenir.

Ne noiant ses pastourages
D´eau par trop se repandant,   50
Ne deffraudant les ouvrages
Du laboureur atandant,

Mais favorable & utile
Lui riant joieusement,
Fai que ton onde distile   55
Par ses champs heureusement:

Ainsi du Dieu venerable
De la mer , puisses avoir
Une acolade honorable
Entrant chés lui pour le voir.   60

Livre V

A La Fonteine Bélerie

Je veus, Muses aus beaus yeus,
Muses mignonnes des Dieus,
D´un vers qui coule sans peine
Loüanger une fonteine.
    Sus donq, Muses aus beaus yeus,   5
Muses mignonnes des Dieus,
D´un vers qui coule sans peine
Loüangeon une fonteine.
C´est à vous de me guider,

Sans vous je ne puis m´aider,   10
Sans vous (Brunettes) ma lire
Rien de bon ne sauroit dire.
Mais, Brunettes aus beaus yeus,
Brunes mignonnes des dieus,
S´il vous plaist tendre ma lire,   15
Et m´enseigner pour redire
Cela que dit vous m´aurés,
Lors, Brunettes, vous m´oirés
A nos Françoises oreilles
Chanter vos douces merveilles.   20
  O beau crystal murmurant,
Que le ciel est asurant
D´une belle couleur blüe,
Où Cassandre toute nüe
A mile fois remiré   25
Son front des Dieus admiré!
Et sa belle tresse blonde,
Tresse aus Zefirs vagabonde
Comme Cerés émouvant
La sienne aus soupirs du vent: 30
Tresse vraiment aussi belle
Que celle d´Amour, ou celle
Qui va de crépes reflôs
Frapant d´Apollo le dôs.
  (. . .)
  Vraiment crystal asuré,   117
Crystal gaiment enmuré
D´une belle herbe fleurie,
Pour avoir fait à m´amie   120
Un dous chevet de ton bord
Quand languissante elle dort,
Je t´asseure, ondete chere,
Que jamais ainsi qu´Homere
Noire ne t´apelerai,   125
Mais toujours je te loürai
Pour clere, pour argentine,
Pour nette, pour crystaline:
Et te supli de vouloir
Ains qu´entrer dedans le Loir   130
D´une course serpentiere,
Recevoir l´hunble priere
Que je fai desus tes flôs
Non indine de ton lôs:
Et de recevoir ces roses   135
Que je verse à mains decloses
Avec du miel & du lait,
Desus ton sein ondelet,
Et ces beaus vers que j´engrave
Au bord que ta source lave.   140
  Fille à Tethys, desormais
Puisses-tu pour tout jamais

Et que la Chienne cuisante
Jamais dedans ton vaisseau   145
Ne face tarir ton eau.
    Toujours les beles Naiades,
Oreades, & Dryades
S´entreserrans par les mains,
Jointes avec les Sylvains   150
Puissent roüer leurs caroles
Autour de tes rives moles:
Pan retrepignant menu
De son argot mi-cornu,
Guidant le premier la dance,   155
Au dous son de sa cadance.
    Jamais le lascif troupeau,
L´aignelet, & le chevreau,
Ne broutent tes rives franches,
Ne jamais fueilles ne branches   160
Ne puissent troubler ton fond
Tonbant d´en-haut sur ton front,
Front, en qui ma Cytherée
A sa face remirée.
Ne jamais quelque Roland   165
Epoint d´amour violent
Ne honnisse ta belle onde,
Mais sans cesse vagabonde
Caquetant sur ton gravois
D´une floflotante vois   170
Toujours ta course verrée
Se joigne à l´onde Loirée.
    Mais adieu fonteine, adieu:
Tressaillante par ce lieu
Vous courés perpetuelle   175
D´une fuite paranelle,
Vive, sans jamais tarir:
Et je doi bien tôt mourir,
Et je doi bien tôt en cendre
Aus chams Elysés descendre,   180
Sans qu´il reste rien de moi
Qu´un petit je ne sai quoi,
Qu´un petit vase de pierre
Pourira desous la terre.
Toutefois, ains que mes yeus   185
Quitent le beau jour des cieus,
Je vous pri, ma fontelete,
Ma doucelete ondelete,
Je vous pri n´obliés pas
Des le jour de mon trépas   190
Contre vos rives de dire,
Que Ronsard desus sa lire
N´a vôtre nom dedaigné:
Et que Cassandre a baigné
Sa belle peau doucelete   195
Dans vôtre belle ondolete.

Motive und Argumentationsstruktur in den Oden Ronsards

Motive	II,9	III,6	IV,5	IV,6	IV,15	Cinqu. Livre
Verherrlichung des Wassers	1b	1	2	1	1	1
Sakralisierung	1a	4			3;7	5b
Opfergaben	4		5b	5		4
Szenerie	6b	2a	1a			
Segenswünsche	6a	3	5a	6		5a
Inspiration	2;5		4	2a/2b	2a/2c	7
Ruhmesversprechen				2c		
Heimatverbundenheit	3	(*)	1b	3	2b	
Lebendigkeit d. Quelle u. Kürze des Lebens	2b;5	3	4			6
Geliebte						2;3
Mythos					4	

Die Zahlenfolge gibt die argumentative Verknüpfung der Motive im einzelnen Gedicht wieder. Die Gliederung a/b drückt die enge Verbindung zweier Motive aus.

Eckart Schäfer (Freiburg i.Br.)

Deutsche Quellengedichte aus Renaissance und Barock

Die Gedichte, die hier vorgestellt werden, beziehen sich alle, erstens, auf wirkliche, lokalisierbare Quellen - also weder der Phantasiequell der bukolischen Idylle noch der metaphorische Quell der göttlichen Offenbarung[1] werden berücksichtigt -, und zweitens ist die reale Quelle der Hauptgegenstand des Gedichts, nicht ein untergeordneter Teil. Beiden Bedingungen entsprechen schon einige antike Quellenepigramme sowie die Bandusia-Ode des Horaz; ja in erster Linie diese Ode, die die persönliche Beziehung des Dichters zu einer wirklichen, ihm viel bedeutenden Quelle eigens und autobiographisch thematisierte, ist geradezu der Quell eines bestimmten Gedichttyps auf der Grundlage jener zwei Bedingungen geworden, des Quellengedichts. Man war ja, auf Grund von Selbstaussagen antiker Dichter und entsprechender antiker Kommentare über sie[2], durchaus legitimiert, ihre Gedichte weitgehend biographisch zu lesen, und weil das offenbar einem eigenen Bedürfnis entsprach, regte das Horazische Quellengedicht zur poetischen Gestaltung der eigenen konkreten Lebenswirklichkeit an, wie das auch im Reisegedicht, im Hochzeitsgedicht, in der Schlüsselekloge usw. geschah. Vorbereitet durch Petrarcas Mythisierung der Sorgue-Quelle in Vaucluse, begann nach der Mitte des 15. Jahrhunderts in Italien mit den ersten Quellengedichten nach Horaz, mit Giovanni Pontanos *Casis* und Janus Pannonius' *Feronia,* die neuzeitliche Geschichte dieses Typs. Zur Bestimmung seines Gegenstands gehört auch, daß *fons* seit der Antike zweierlei sein kann: naturwüchsig entspringende Quelle und von Menschenhand angelegter Brunnen, mit vielen Übergängen zwischen beiden. Wenn wirklichkeitsbezogene Quellengedichte dieser Art dann im Barock, nach dem Dreißigjährigen Krieg zu versiegen beginnen, so hängt das wohl mit einem grundsätzlicheren Wandel hin zum Überpersönlichen, Allgemeingültigen, Fiktiven, Idealen zusammen.

---

[1] Das Wort Christi als Quelle: Michael Haslob, *Libri XIV Carminum,* Frankfurt o.J., f. d7v: Fons.

[2] Pseudacro, *Scholia in Horatium vetustiora,* rec. Otto Keller, Bd. 1 (Schol. AV in Carmina et Epodos), Leipzig 1902, S. 270: *Bandusia enim Sabinensis agri regio est, in qua Horati ager fuit.*

Bei unserer literarischen Reise von Quelle zu Quelle durch Europa werden wir nicht nur finden, wie sich im Quellengedicht verschiedene Einstellungen zur Umwelt spiegeln; sondern wir werden uns stets fragen müssen, was aus den zugrundeliegenden Quellen heute bei uns geworden ist. Viele sind nicht mehr zusehen, und ob noch Quellengedichte geschrieben werden? Sind die Menschen in dieser Beziehung anders geworden, und sollten die alten Quellengedichte uns anregen, nach dem verlorenen Bezug zu suchen? Oder war man schon damals trotz Quellenpoesie auf dem Weg, der Quellen als eines Inbegriffs natürlicher Umwelt verlustig zu gehen?

I

Der für die deutsche Lyrik bahnbrechende Erzhumanist C o n r a d   C e l t i s hat zwar kein Quellengedicht geschrieben - ihm bedeuteten die Flüsse mehr -, und die Quelle erscheint bei ihm und auf von ihm angeregten Holzschnitten übertragen und programmatisch als Musenquell, aber er hat zugleich als erster nördlich der Alpen ein anonymes Quellengedicht aus Italien überliefert, das folgenreich für die künstlerische Gestaltung von Quellen wurde[3] :

> Huius Nympha loci, sacri custodia fontis
>   Dormio, dum blandae sentio murmur aquae.
> Parce meum, quisquis tangis cava marmora, somnum
>   Rumpere: sive bibis, sive lavere, tace.

Celtis hat durch eine kleine Textänderung in Vers 3 (*piscis cupias qui prendere*) die Nymphe wieder vom Brunnen zurück in die freie Natur versetzt, aber gewirkt hatte das italienische Epigramm zunächst in Italien so, daß man eine Wasserquelle mit einer Nymphenplastik zu schmücken und zum Brunnen zu machen begann. Kunstgeschichtliche Forschung hat gezeigt, daß zuerst auf einer Abbildung in der - auch sonst stimulierenden - *Hypnerotomachia Poliphili* (Venedig 1499), sodann im Belvedere des Vatikans 1512 der antike Typus der schlafenden Ariadne[4] zur Brunnennymphe wurde und daß die päpstlichen Kanzleibeamten Colocci und Goricius den Typ des Poliphilus- und des Papstbrunnens in ihren eigenen Gärten nachahm-

---

[3] Corpus Inscriptionum Latinarum VI, 5, 3e. Zum Folgenden: Elisabeth B. Mac Dougall: The Sleeping Nymph: Origins of a Humanist Fountain Type. *The Art Bulletin* 57, 1975, S. 357-365. Dieter Wuttke: zu 'Huius Nympha loci'. *Arcadia* 3, 1968, S. 306 f. Dieter Koepplin - Tilman Falk: *Lukas Cranach*. Basel-Stuttgart 1974. Bd. 1, S. 631-636, Bd. 2, S. 426-429. Celtis notierte das Epigramm in der 1500 fertiggestellten Reinschrift seiner Gedichte auf dem Titelblatt (Nürnberg, Stadtbibliothek: Ms. cent. V) wahrscheinlich zwischen 1500 und 1508.

[4] Für diese als Cleopatra gedeutete Brunnenfigur verfaßte Baldassare Castiglione ein Rollengedicht: *Carmina illustrium poetarum Italorum*, hg. v. Jo. Matthaeus Toscanus, Paris 1576, Bd. 1, S. 64v-65v.

ten und nun das schon um die Mitte des 15. Jahrhunderts entstandene Nymphenepigramm als Inschrift hinzufügten (eine späte Realisierung dieser Anordnung ist - an Alexander Pope orientiert - in den berühmten englischen Landschaftsgarten von Stourhead aufgenommen worden). In Deutschland zeigte schon 1514 eine Dürer zugeschriebene Zeichnung dieses Arrangement, und ab 1515 hat Cranach dieses Thema mehrfach variiert, wobei er den Anschein des Lebendigen, den das Epigramm an der Statue verstärkte, im Medium der Malerei raffiniert überbot und durch Anbringung des Epigramms im Bild doch zum Schein erklärte.

Auf das erste deutsche Quellengedicht muß man bis 1543 warten. Es entstand in Zusammenhang mit dem europaweiten, umweltverändernden Zugriff der Gesellschaft auf die Quellen: Im 15. Jahrhundert waren auch in Deutschland immer mehr Städte dazu übergegangen, ihren gestiegenen Wasserbedarf durch Einleitung umliegender Quellen in die Stadt und durch ihre Verteilung mittels eines Röhrensystems zu befriedigen. Als 1543 zur Versorgung Frankfurts a.M. eine Quelle von außerhalb in die Stadt geleitet wurde, verfaßte J a c o b   M i c y l l u s , Rektor der Lateinschule, folgendes Epigramm[5]:

Inscriptio Fontis Francofortensis.

Annus erat Christi post saecula quinque decemque,
    Et post lustra quater, tertius, acta duo,
Cum novis hic veterem fons introductus in urbem
    Implevit liquidos amne fluente lacus.
Prisca licet Graias mirentur tempora lymphas,
    Pegase sive tuas, Sisyphe sive tuas:
Hic, ut non aequet tot claros nomine fontes,
    Arte tamen nullo deteriore fluit.

Der namenlose Quell - so Micyllus' Pointe - stehe auf Grund der technischen Leistung seiner Nutzung den namhaften Quellen der Antike, z.B. der Hippokrene am Helikon und der Peirene in Korinth, nicht nach.

Wie anders das Epigramm, das zur gleichen Zeit und aus ähnlichem Anlaß, nämlich als 1543 Wittenberg seine erste Wasserleitung erhielt, angeschlossen an eine Quelle des Teucheler Berges, M a r t i n   L u t h e r   1544 verfaßt hat[6]!

---

5 Jacobus Micyllus: *Sylvarum libri quinque*, Frankfurt 1564, S. 294.

6 D. Martin Luthers *Werke* (Weimarer Ausgabe), Bd. 35, Weimar 1923, S. 605, Überschrift des Erstdrucks 1563: *Epigramma Reverendi Viri et Patris D. Martini Lutheri sanctae memoriae, de Fonte montis Teichelii ad VVitebergam, cuius aquae in oppidum ductae sunt Anno Christi 1544.* Mit Übersetzung und Interpretation: Udo Frings: Martinus Lutherus - Poeta Latinus. Orientierung 10, Aachen 1983, S. 32-41. Frau J. Strehle (Lutherhalle Wittenberg) verdanke ich den Hinweis auf Burkhart Richter: *Wittenberger Röhrwasser - ein technisches Denkmal.* Schriftenreihe des Stadtgeschichtlichen Zentrums, Heft 13, bes. S. 32-41.

De Fonte Oreadum Witebergensium.

Qui mare, qui fontes, qui flumina cuncta creavit,
  Me quoque iussit aquae particulam esse suae.
Corpore sum parvo, scatebris exilibus ortus,
  Magni me sed opus glorior esse Dei.
Negligor incultus, dispersis undique venis,
  Et squalere sinor per loca foeda luto.
Rustica, more suo, me spernunt turba coloni,
  Fons quibus haud dignus, qui colar, esse putor;
Forsan si propior melioribus urbibus essem,
  Fontibus urbanis cultior ipse forem.
Non movet agrestis tamen haec iniuria vulgi,
  Dimoveor nullis a bonitate malis.
Servo meas undas puras nitidasque ministro
  Gratis, ingratis, omnibus aequus agor.
Servio namque Deo largo pincerna benignus,
  Gratuito munus largior inde meum,
Non moror, argenti nihil aut habeas nihil auri,
  Hausturus gratis, dives inopsque, veni.
Sic Deus ingrato dedit et facit omnia mundo,
  Cuius ad exemplum me iuvat esse bonum.

Der ursprüngliche Zustand der ungefaßten Quelle auf dem Land und ihre neue Funktion für die Residenzstadt, ihre Kanalisierung vom Schloß die Collegienstraße entlang bis zur Universität, das scheint nicht aufeinander zu folgen, sondern nebeneinander zu stehen. Sie liegt unscheinbar außerhalb der Stadt, wird von den Bauern mißachtet und verschmutzt, und doch - so läßt Luther sie bekennen -, sie ist ebenfalls Gottes Geschöpf und dankt ihrem Schöpfer dafür, indem sie ihn nachahmt und ihrerseits Gutes tut, als Wasserleitung in der Stadt allen reines Wasser spendet, den Reichen und Armen, Dankbaren wie Undankbaren. Die Quelle, die hier spricht, wird - mit einem Schluß vom Kleineren aufs Größere - wiederum zum Vorbild für den Christenmenschen. Alles in allem erstaunliche Verse - ihr Gegensatz zum traditionellen *locus amoenus*, die radikale Theologisierung der Aussage, die tiefere Begründung für die Wahl der Rollengedichtsform, die Aktualität der geschädigten Schöpfung -, ein Gedicht, wie es so, leider, wohl nur an der Grenze des Humanismus entstehen konnte.

Micyllus' und Luthers sich selbst vorstellende Quellen sind vor allem antiker Epigrammatik verpflichtet; nur das Ruhmesmotiv des einen, das Dankesmotiv des anderen weisen auf Horaz zurück. Das erste Quellengedicht in Deutschland, das ganz aus der Tradition der naturwüchsigen Bandusia und ihrer romanischen Nachfahren entspringt, ist das des P e t r u s   L o t i c h i u s   S e c u n d u s   auf einen *Acis* genannten Quell seiner Heimat Schlüchtern, und im Lichte dieser Tradition wird es manchem als das schönste erscheinen [7].

---

7 Erstdruck: Petrus Lotichius Secundus: *Elegiarum liber. Eiusdem Carminum libellus.* Paris 1551, S. 25r f.

Ad Fontem Acin.

Valle sub umbrosa teneras qui perfluis herbas,
   Nomen ab ilicibus qua trahit, Aci, nemus:
Tu mihi grata quies et dulce levamen in aestu,
   Caespite fessa levas membra, liquore sitim,
Murmur et invitat blandos in margine somnos,
   Lenis et e gelidis vallibus aura venit.
Nec pecudes rivum nec turbat limus, et imum
   Splendidior vitro lucet ad usque solum.
Flumineos latices hic libat et abdita ramis
   Multa nemus querulis cantibus implet avis.
Hei mihi quod iuvenis tellure altrice relicta
   His careo silvis, his ego semper aquis!
Qua gelida quondam me saepe recordor in umbra
   Aonias puerum consuluisse Deas.
Dulce sed exhausti meminisse laboris, eritque
   Ante pererrato gratior orbe quies.
Iamque vale rursus nostri memor, herbifer Aci,
   Hoc tibi discedens opto: perennis eas.

Früh im Jahr 1549, nach Jahren des Studiums und des Kriegsdienstes in der Fremde und vor dem Aufbruch zu einer langen Auslandsreise[8], sucht Lotichius diesen Quell auf, der ihm seit seiner Kindheit zum Inbegriff der schönen, belebenden Natur und zum Ort musischer Beschäftigung geworden war und in dem er den geheimen Bezugspunkt seines Durch-die-Welt-Irrens findet. Wie sehr diese Darstellung mit den persönlichen Erfahrungen des Autors übereinstimmt, belegt die Lotichius-Biographie seines Freundes Johannes Hagen mehrfach; Hagen sieht in Lotichius' Dichten in der Natur geradezu die Bestätigung seiner Veranlagung zum Dichter[9].

Acis als heimatlicher Lebensquell: darin spiegeln sich gemeinsam Horaz' *Bandusia* und Catulls *Sirmio* (Carmen 31), zuallererst aber Pontanos *Casis,* der bereits die beiden antiken Vorlagen in gleicher Funktion in sich vereinigt hatte. Und mit diesem Imitatio-Bezug (Lotichius benutzt übrigens wie Pontano das elegische Distichon) läßt sich vielleicht auch in Lotichius' eigenartige Benennung des Quells etwas Licht bringen. Denn seinen Acis hat man bisher mit keinem der Schlüchterner Bäche überzeugend identifizieren können[10] . Als der junge Lotichius zum erstenmal

---

8   Stephen Zon: *Petrus Lotichius Secundus, Neo-Latin Poet.* Bern-Frankfurt-New York 1983, S. 166-168.

9   Petrus Lotichius Secundus: *Opera omnia.* Quibus accessit vita eiusdem, descripta per Ioannem Hagium. Leipzig 1586, S. 419, 434, 436.

10   In Schlüchtern wird heute eine südwestlich der Stadt gelegene Quelle Acisbrunnen genannt, eine vermutlich erst im 19. Jahrhundert vorgenommene Zuschreibung. Die folgenden Erwähnungen der Heimatflüsse: Petrus Lotichius Secundus, *Poemata quae exstant omnia,* rec. Carolus Traugott Kretzschmar, Dresden 1773, S. 16 f., 32, 56.

in Versen seine Heimat mit Bachnamen umschrieb, und zwar den Hof des Vaters in Niederzell, nannte er passend *Alera* (Ahlersbach) und *Aura* (Auerbach). Dabei hatte er ein Sprachproblem zu lösen: Das im Deutschen übliche weibliche Geschlecht der Bachnamen führte bei der Latinisierung zu der femininen Endung *-a,* da aber im Römischen die Flüsse als männliche Gottheiten vorgestellt wurden, gebrauchte er seine Bachnamen mit dem im Latein natürlichen, dem maskulinen Geschlecht (*celer* bzw. *meus Aura*). In der Folgezeit aber treffen wir auf zwei andere Namen, wenn Lotichius auf seine Heimat zu sprechen kommt, auf *Cynthius* (die Kinzig) und eben *Acis,* eindeutig maskuline Wortformen. Wie bei *Cynthius*, *Alera* und *Aura* dürfte auch in *Acis* der deutsche Bachname wenigstens teilweise anklingen. Darüber hinaus ist *Acis* - wie *Cynthius,* Adjektivform eines Berges auf Delos - ein geographischer Eigenname schon in der Antike, nämlich des am Ätna entspringenden Acis; dieser war bekannt für die Kälte seines Wassers, und die Kälte hebt Lotichius auch an seinem Heimatbach hervor. Wichtiger noch: Acis gehört - wie Cynthius, der Gott von Delos, Apoll - in die Welt des Mythos. Ovid erzählt in seinen *Metamorphosen,* wie Acis, der Geliebte Galateas, von dem eifersüchtigen Polyphem erschlagen und von den Wassergeistern in einen jungen Flußgott, eben den sizilischen Acis verwandelt wurde[11]. Diesen ovidischen Mythos hat Lotichius bei seinem Acis wohl von Anfang an mit im Sinn gehabt, wie seine Ovid entlehnte Anrede *herbifer Aci* vermuten läßt[12]. Folgerichtig hat er dann in seinen während des Frankreich- und Italienaufenthaltes begonnenen Eklogen den Acis fern daheim zu einer mythischen Person weiterentwickelt, die am Geschick ihres Dichters teilhaben kann und zu einem Jüngling wird, der sich in eine Elfe verliebt hat[13].Gegen Ende seines Lebens scheint Lotichius sogar geplant zu haben, eigens Liebeserlebnisse seines Acis zu erdichten[14]. Ob Acis wie der Acis Ovids im Zusammenhang mit einer Liebesgeschichte in einen Quell verwandelt wurde? Der Quell als ein durch mythische Verwandlung entstandener jugendlicher Liebhaber: das ist aber bereits Pontanos *Casis*, und so liest sich *Acis* wohl nicht zufällig fast wie ein Anagramm zu *Casis.* Lotichius' *Acis* entpuppt sich also als ein Produkt aus Ovids *Acis,* Pontanos *Casis* und einem wohl nur noch entfernt anklingenden Bachnamen, vielleicht dem Auerbach in Niederzell, dessen Latinisierung zum maskulinen *Aura* allzu gewagt klingen mochte, aber als identifizierbarer Ausgangspunkt zu weiteren Transformationen im Werk so stehengeblieben ist.

Inzwischen hatte die Mythisierung des Heimatquells nachhaltigen Eindruck gemacht. Zwei Heidelberger Bewunderer des Lotichius, selbst angehende Poeten, hatten daran weitergedichtet. Adam Gelphius hatte einem ertrunkenen Freund mit

---

11 Ovid, *Metamorphosen 13,* 750-897.

12 Ovid, *Fasten 4,* 467: *(Ceres) praeterit et ripas, herbifer Aci, tuas.*

13 *Poemata quae exstant omnia,* S. 450, 453.

14 *Poemata quae exstant omnia,* S. 479: *Agresti stipula veteres meditabar amores / Acidis, et studio curas solabar inani.*

einer Ekloge ein Denkmal gesetzt, in der er ihn den Tod im Acis-Fluß finden ließ[15].
Henricus Smetius hatte in einer Elegie Lotichius' Ekloge 'Neckar' (*Nicer*) als
Wettstreit des Dichters mit seiner eigenen Gipfelleistung, dem Acis-Gedicht, gefei-
ert und in Umkehrung der geographischen Verhältnisse Donau und Rhein zu Acis
aufblicken lassen[16]. Ob Gelphius und Smetius den Schlüchterner Quell überhaupt
gekannt haben und deutsch hätten benennen können? Vor allem aber ist Paulus
Melissus zu nennen, der hauptsächlich unter dem Eindruck des Lotichius zum
Dichter, zum maßgeblichsten im letzten Viertel des Jahrhunderts, geworden ist; er
legte ein frühes Bekenntnis zu seiner dichterischen Begabung unter Anlehnung an
das Acis-Gedicht in einer Ode an die Quellen seiner fränkischen Heimat
Mellrichstadt ab[17].

II

P a u l u s   M e l i s s u s wollte der Ronsard der Deutschen sein; jedenfalls ist
er bei uns das, was Ronsard unter den französischen Renaissancepoeten ist: der mit
den meisten und interessantesten Quellengedichten. Interessant ist er z.B. wegen
seiner Brückenfunktion zwischen dem älteren klassizistischen und dem neueren
frühbarocken Lateinstil der Lyrik, und die läßt sich recht deutlich auch in seiner
Quellenpoesie ablesen. Zur Veranschaulichung kann je ein Gedicht auf einen italienischen, dänischen, französischen und englischen *fons* dienen, ein Spektrum übrigens, das zu diesem europaorientierten Dichter paßt.

Melissus' Durchbruch zur Lyrik im hohen Stil erfolgte auf seiner italienischen
Reise 1577-80, und hier traf er auf eine alte, reiche Brunnenkultur. Besonders
wohl fühlte er sich in Siena, das seit langem für seine Brunnen berühmt war; schon
1397 betonten Bürger in einer Eingabe, Siena sei stets die schönste und sauberste
Stadt der Toskana gewesen und besitze die schönsten Brunnen, weshalb alle aus-
wärtigen Besucher den Fonte Branda zu sehen wünschten, aus dem die heilige
Katharina als Kind Wasser geschöpft und dessen romantische Lage schon
Boccaccio bewundert hatte[18]. Als Melissus im Mai 1579 einmal zusammen mit einem Landsmann, Matthias Anomoeus, der gleichfalls Poeta laureatus war, den

---

[15] Petrus Lotichius Secundus, *Poemata quae exstant omnia*, S. 328.

[16] Henricus Smetius: *Iuvenilia miscella*. Heidelberg 1594, S. 82 f.: *Ad Acin Fontem P.
Lotichii* (datiert Heidelberg 1559).

[17] Erstdruck: Paulus Melissus: *Schediasmata poetica*. Frankfurt a.M. 1574, S. 5 f.: *Ad
Fontes Franconiae* (Einleitungsgedicht zu den Oden). Wiederabdruck: Karl Otto Conrady, *Lateinische Dichtungstradition und deutsche Lyrik des 17. Jahrhunderts*, Bonn 1962, S. 334 f.

[18] Judith Hook: *Siena. A City and its History*. London 1979, S. 156 f. *Reclams Kunstführer Italien*, Bd. III,2, Stuttgart 1984, S. 526.

Fonte Branda besucht, werden sie von einem Wolkenbruch überrascht und suchen unter den mittelalterlichen Spitzbogenarkaden des Quellbrunnens Schutz. Hier vertreiben sie sich die Zeit damit, einen Wechselgesang, übermütig bis zum Nonsense, zu improvisieren[19] :

LUSUS
PAULI MELISSI FRANCI
ET MATTHIAE ANOMOEI VARISCI, PP.LL.
Apud subterraneos Senarum aquaeductus.
ANNO CHRISTI M.D.LXXIX. Mense Maio.

MELISSUS. I.
Naida dum sequimur Senaei fontis amicam,
    Rite Medusaei potor uterque lacus;
Sub corylis tecum pluvialibus obruor undis.
    Iuppiter an Nymphae plus Anomoee valent?

ANOMOEUS.
Naiada miramur caecam; miramur et imbres
    Caeli; miramur carminis orsa tui.
Multa valent Nymphae; valet altis Iuppiter undis:
    Carmina plus subito fusa Melisse valent.

MELISSUS. II.
Ergone de caelo deduxi ego carmine nimbos,
    Dilectum Nymphis elicuive Iovem?
Pierides melius: prius haec elementa fatiscant,
    Quam ferar humectum contemerasse Iovem.

ANOMOEUS.
Ne tibi sit vitio numeris novisse Tonantem,
    Et Nympham. numeris gaudet uterque tuis.
Carmina fluxerunt; caecis fluxere sub antris
    Naiades. quid non Iuppiter ipse fluat?

MELISSUS. III.
Diffluat in lymphas aether, in nubila Iuno;
    Musaeque in fontes, udaque Nais aquas:
Quid noster Phoebus? cum carmine Phoebus, et una
    Ipse ego in egelidas liquar oportet aquas.

ANOMOEUS.
Liquere perpetuo fluviis stagnantibus: et tum
    Divinus sacro cesset ab ore liquor;
Cum lymphis aether, cum Iuno nubibus, et cum
    Fontibus Aonides, limpida Nais aquis.

MELISSUS. IV.
Interea Genii non cesset mascula virtus
    Auctoris laticum plurima nosse bona:
Ut quam siphones scatebrae genialis abundant,

---

[19] Paulus Melissus: *Epigrammata in urbes Italiae.* Anhang zu Nicolaus Reusner, *De Italia, regione Europae nobilissima libri duo*, Straßburg 1585, Bd. 2, eigene Paginierung +8v - ++2r.

Tam plene celebret dona Camena Dei.

ANOMOEUS.

Qui stellas caeli, camporum gramina, ramos
   Silvarum, et Ponti dinumerabit aquas,
Senarum conetur, opus mirabile factu,
   Annosos merita tollere laude tubos.

MELISSUS. V.

Qui bibit hinc, illum decorat bona gratia linguae,
   Abluit hinc faciem: pulchrius ora nitent.
Mirumne est, formosa gerant si tempora Nymphae
   Senides, et bellis Attica mella labris?

ANOMOEUS.

Hi siccant udo valles humore madentes:
   Humectant colles, et iuga sicca rigant.
Hoc, quia traducti tot subter collibus: illud,
   Quod se tot madidis colligit unda locis.

MELISSUS. VI.

Quale satis imber, ros herbis, aura frutetis:
   Se quibus oblectant Flora, Napaea, Pales:
Tale siti fons est, aqua palmis, rivus ocellis.
   His delectantur Iuno, Minerva, Venus.

ANOMOEUS.

Nymphae Senarum Venerem, Teumesia colles
   Tempe, Parnassi prata vigore toros,
Valles Hesperidum pomis et floribus hortos;
   Haec Aganippaeos provocat unda lacus.

MELISSUS. VII.

Ut Gaium taceas, aliosve per atque sub urbem,
   Limpidula e tofis spectra creante vitro:
Qua lingua celebres Blandi manalia regna?
   Unus hic ex ipso stagna quaterna facit.

ANOMOEUS.

Stagna quaterna facit; Floraeque Palique Napaeaeque,
   Et Baccho et Cereri praestat amicus opes,
Et Promo et Condo, et pincernis atque culinis.
   Indigenae memorent cetera dona Deae.

MELISSUS. VIII.

Indigenae salvete Deae, salvete patenti
   Numina siqua, Deas praeter, inestis humo;
Et vos perpetuos Nymphae manate liquores:
   Inficiat dulces nullus amaror aquas.

ANOMOEUS.

Et vos o coryli virides, vos imbribus aptae
   Fagi, vos quercus, castaneaeque vagae,
Multiplicate comas, alternis tegmina Musis,
   Et simul in vestro carmina nostra libro.

MELISSUS. IX.

Sol redit, imber abit, rarescit gutta cadendo:
   Iamque domum madidos hora referre pedes.

> Sat lusum est, Anomoee. Dryas tibi, carmine lecto,
>   Praemiolum invito basia terna ferat.
>   ANOMOEUS.
> Quin umbrae crescunt, et fumant moenia cenas:
>   Cum Blando Gaius pocula mersa gelant.
> Surge Melisse, sequor. Tua, te complexa lacertis,
>   Suavia det cupidis ter Rosa terna genis.

In diesem pseudo-bukolischen Amoibaion strömen zunächst die Regengüsse des Wettergottes Juppiter, das Plätschern der Quellnymphen und das Dialogisieren der beiden Poeten gemeinsam dahin, bis alles in ein Preislied auf Sienas weises unterirdisches Wasserverteilungssystem im allgemeinen und auf die Vorzüge des Fonte Branda mit seinen Schutzgeistern im besonderen mündet - *fons Blandus* (V. 51 und 70) heißt er hier, was lateinischer und sprechender (schmeichelnder) klingt, so wie damals der Namensform *Blandusia* der Vorzug vor *Bandusia* gegeben wurde. Mit der Rückkehr der inzwischen sinkenden Sonne und den Abendessensvorbereitungen der Anwohner - der Brunnen sorgt für kühle Getränke - endet das Wechselspiel, das die Umstände seiner Entstehung noch widerspiegelt und das viel von der Fröhlichkeit bewahrt, nach der die Sieneser ihren schönsten Brunnen Fonte Gaia (vgl. V. 49 und 70) nannten.

Während in diesem poetischen Dialog einerseits virtuos der Motivschatz vom Nymphen- und Musenquell aufgeboten wird, fällt andererseits ein technisches Interesse am verborgenen Funktionieren der vom Menschen regulierten Quelle auf. Die Quelle in freier Natur wird abgelöst von der Quelle, die im Brunnen verfügbar gemacht worden ist. Zur Zeit des Melissus hatte sich der italienische Renaissancebrunnen voll entfaltet: zwischen Lotichius' Acis-Gedicht und Melissus' Reiseantritt waren die Brunnen der Villa d'Este zu Tivoli und die Neptunbrunnen zu Bologna und Florenz entstanden. Aus Italien zurückgekehrt, lebte Melissus einige Jahre in Nürnberg, das seit langem für seine gotischen Brunnen bekannt und damals in Deutschland Zentrum des unter Renaissanceeinfluß aufblühenden Brunnengießens war. Das die Konstellation, der Melissus' prächtigstes *Fons*-Gedicht entspringt.

Der König von Dänemark, Frederik II., hatte 1576 bei dem führenden Nürnberger Gießer, Georg Labenwolf, für sein neues Schloß Kronborg einen Neptunbrunnen in Auftrag gegeben, der - offensichtlicher als der Florentiner Neptunbrunnen - den Anspruch auf Seeherrschaft vor Augen führte. Labenwolf stellte 1582 nach langer Verzögerung einen monumentalen, vielfigurigen Bronzebrunnen fertig, der bis dahin nicht seinesgleichen hatte. Melissus, damals Nürnbergs vornehmster Poet und auf klingenden Lohn für seine Verse angewiesen, begleitete die Vollendung des Brunnens mit einem eigens gedruckten kleinen erlesenen Gedichtzyklus; zwei Gedichte waren sogar als Motetten komponiert worden.

Die beiden Motetten, in einer alten Flensburger Musikaliensammlung wiederentdeckt, sind jüngst von Ole Kongsted wieder in ihren historischen Kontext eingeordnet worden. Er hat dabei als Verfasser der Texte Melissus erkannt und als den ungenannten Komponisten Leonhard Lechner angenommen, eine Vermutung, die Martin Kirnbauer weiter untermauert hat[20]. Unbekannt blieb ihnen die Existenz jenes Sonderdrucks des Melissus. Zwar vermag ich keine Bibliothek zu nennen, die ihn besäße; aber Ludwig Krauß hat schon vor Zeiten in seiner grundlegenden, leider ungedruckten Melissus-Biographie eine Beschreibung des Zyklus gegeben, in dem er offenbar eindeutige Hinweise auf den Komponisten Lechner vorgefunden hat[21]:

Das kleine Werk des Melissus "erschien noch im Jahr 1582 in schöner Ausstattung im Druck unter dem Titel:

Ode Pindarica Ad Fridericum II. Regem Daniae Potentissimum. In laudem Fontis Coronaei. Scripta A P. Melisso Germano, Comite Palatino, Et Equite Aur. Cive Rom., darunter Lorbeerkranz mit der Aufschrift: *Florescat In Aevum.* In dem von ihm umschlossenen Raum die verschlungenen Buchstaben F S mit darüber befindlicher Krone über zwei sich kreuzenden Szeptern und dahinterbefindlichen sich ebenfalls kreuzenden Zweigen (Palme

---

[20] Ole Kongsted: *Kronborg-Brunnen und Kronborg-Motetten*. Ein Notenfund des späten 16. Jahrhunderts aus Flensburg und seine Vorgeschichte. Schriften der Gesellschaft für Flensburger Stadtgeschichte, Bd. 43, Kopenhagen-Flensburg-Kiel 1991. Faksimile-Ausgabe der Motetten: Ole Kongsted (Hg.): *Kronborg Motetterne* - Tilegnet Frederik II og Dronning Sophie 1582, Kopenhagen 1990. Martin Kirnbauer: Die Kronborg-Motetten. Ein Beitrag zur Musikgeschichte Nürnbergs? *Mitteilungen des Vereins für Geschichte der Stadt Nürnberg*, Bd. 78, Nürnberg 1991, S. 103-122.

[21] Ludwig Krauß: *Paul Schede-Melissus*. Sein Leben nach den vorhandenen Quellen und nach seinen lateinischen Dichtungen als ein Leitweg zur Gelehrtengeschichte jener Zeit, Nürnberg 1918 (Universitätsbibliothek Erlangen-Nürnberg, Handschriftenabteilung), Bd. 2, S. 56 f. Wiederabdruck der *Ode Pindarica*: Paulus Melissus, *Schediasmata poetica*, secundo edita multo auctiora, Paris 1586, Teil 1, S. 8-10; von *In laudem Regii Fontis*: a.a.O., Teil 3, S. 20 f.; des letzten Epigramms: a.a.O, Teil 3, S. 15 f. (Erstdruck: *Schediasmatum reliquiae*, Frankfurt/M., S. 25 f.). Alle vier Gedichte mit Übersetzung bei O. Kongsted, S. 97-103, der aber auf Grund der gedruckten Motetten und der handschriftlichen Überlieferung der ihnen zugrundeliegenden Gedichte ein anderes Schlußgedicht, das sonst nicht bekannte und ebenfalls ohne Autorname erhaltene deutschsprachige *In Symbola Regis et Reginae* (Kongsted S. 103), annimmt, das Lechner ebenfalls vertont hat. Der Sonderdruck, der ja eine spätere Fassung des Zyklus darstellt, läßt nun vermuten, daß Melissus, der auch deutsch dichtete, später das deutsche Gedicht durch das schon vor einem Jahrzehnt verfaßte lateinische Epigramm ersetzte oder aber, da der Verzicht auf das dem dänischen König bereits als Motettendruck überreichte deutsche Gedicht unwahrscheinlich ist, gar nicht sein Verfasser war. Zwei der lateinischen Epigramme sind handschriftlich in der Bibliotheca Vaticana erhalten (Signatur: Pal. Lat. Vat. 1821, Bd. 1, S. 22 und 34). Unklar bleibt, woher Krauß von den beiden Vertonungen durch Lechner weiß; denkbar ist, daß Melissus durch Zusatz zu den betreffenden Gedichttiteln auf die Vertonung durch Lechner hinweist, wie er es z.B. bei dem Gedicht *Dialogus in gratiam Nicolai Comitis Ostrorogii. Octo vocum harmonia concinnatus a Leonardo Lechnero* getan hat (*Schediasmata poetica*, Paris 1586, Teil 3, S. 152). Erhalten blieb eine Druckseite mit dem Schluß der pindarischen Ode (Kongsted S. 76 f.).

und Lorbeer). *Noribergae,* MDLXXXII. 4°. Ohne Angabe des Druckers. 1 Bogen = 4 Bl.

Die Schrift enthält außer der erwähnten Pindarischen Ode noch drei kleinere lateinische Gedichte in elegischem Versmaß, darunter zwei Epigramme, die von *Leonhard Lechner* für sechs Stimmen komponiert waren (die Noten wohl aus technischen Gründen nicht beigedruckt). Das erste, sechs Disticha umfassende, betitelt "Auf den königlichen Brunnen", enthält, nur in kürzerer Form, nochmals eine Beschreibung des Brunnens, "der lautsprudelnd das Lob des Königs verkündigt." Das zweite, nur zwei Disticha zählende, hat die Überschrift: "Auf die Verbindung der königlichen Buchstaben", d.i. die auf dem Titelblatt wie auf der Brunnensäule stehenden verschlungenen und mit Krone versehenen Buchstaben F.S. Es wird darin kurz ausgeführt, daß mit diesen Anfangsbuchstaben der Namen von König und Königin (Sophia) zugleich die Begriffe von *Fides* (Treue), *Sapientia* (Weisheit) und *Salus* (Heil) verbunden seien. Als drittes Gedichtchen ist noch ein bereits in den *Schediasmata* von 1574 unter den Epigrammen S. 25 abgedrucktes, also mindestens 9 Jahre früher gedichtetes Epigramm angefügt, das in fünf Distichen den Dänenkönig als edlen Friedensfürsten verherrlicht und mit einem Wortspiel auf die doppelte Bedeutung des griechischen Wortes *sophia* (Weisheit und Name der Königin) schließt: "Wie weise werden doch die Völker beherrscht unter dem Szepter von dir, dem *sophia* im Herzen wohnt und Sophia an der Seite steht!" Von diesen vier Dichtungen sind drei in die Pariser Ausgabe aufgenommen worden (I 8, III 18. 20)."

Der Kronborger Brunnen wurde 1659 von schwedischen Truppen als Kriegsbeute abtransportiert, seine Figuren wurden - vielleicht bis auf drei - ein- oder umgeschmolzen. So sind außer einer zeitgenössischen Zeichnung des Brunnens im ' Baumeisterbuch ' des späteren Nürnberger Ratsbaumeisters Wolf-Jacob Stromer, die vermutlich als Vorlage eines Kupferstichs desselben Brunnens von 1730 gedient hat[22] , die Gedichte des Melissus die wertvollste Quelle, um eine Vorstellung von diesem Meisterwerk zu gewinnen.

---

[22] Johann Gabriel Doppelmayr: *Historische Nachricht von den Nürnbergischen Mathematicis und Künstlern.* In zweyen Theilen an das Liecht gestellet, auch mit vielen nützlichen Anmerckungen und verschiedenen Kupffern versehen. Nürnberg 1730, Tafel 11 zu S. 293 f. (Reprografischer Nachdruck der Ausgabe: Hildesheim-New York 1972). Da der Kupferstich, nicht die Zeichnung auf der Höhe der Termini einen Elefanten zeigt, und zwar nicht Melissus' *Elephas turriger,* sondern einen in der Form des Königlichen Elefantenordens am Band, scheint der Stecher P.C. Monath wenigstens in diesem Punkt eine andere, unbekannte Vorlage gehabt zu haben. Abbildung von Zeichnung und Stich bei Kongsted S. 36 f.

Georg Labenwolfs Kronborg–Brunnen.
Zeichnung in Wolf-Jacob Stromers ›Baumeisterbuch‹.
Privatbesitz. Foto: Germanisches Nationalmuseum Nürnberg.

ODE PINDARICA AD FRIDERICUM II. REGEM DANIAE POTENTISSIMUM.
In laudem Fontis Coronaei.

Strophe I.

MONUMENTA   veterum si FRIDERICE, Rex
    Celeberrime, disquisita ponderes,
    Invenire est, maximae admirationi
    Fuisse regalem Pyramidum Aegyptiarum
Situm; inde Phariam turrim, ignibus
    Destinatam noctilucis, navitae
    Quos sequerentur remigantes;
    Moenia dein Babylonica,
A Semiramide condita, in oculos
    Incurrisse mirifice; hinc adeo templum
    Ephesinae Dianae
    Splendidissime aedificatum.

Antistrophe I.

Legis, Artemisiam quantus adederit
    Amor, ut cineres, post nigra coniugis
    Fata Mausoli, mero mistos feratur
    Bibisse, et ingens struxisse decorae sepulcrum
Regis memoriae. Quid, nobilem
    Dum colossum Solis in pulchra Rhodo,
    Aut simulacrum fabrefactum
    Forte Iovis mihi Olympii
Reris adspicere, cogitat animus?
    Plus mentem (puto) tamen adficeret Cyri
    Domus, exoticusque
    Plutus, aureumque lacunar.

Epodos I.

Opus tuum, o DANIAE rector,
    Miraculis hercle non cedet antiquis.
    Nempe nobilissimorum
Fiet CORONAEUS fontium:
    In urbe quem Norica, suis cum basibus
    Scapisque epistyliisque ex aere
    Corinthio, adfabre curasti
Signis adornandum fusilibus,
    Non sine sumptibus magnis,
    Artificumque singulari industria.

Strophe II.

Viden' Oceanus ut stagna regurgitet
    Aquulenta, columnato capax labro?
    Quo super stat Teuto nixus, Celta, Iberus;
    Exinde Thrax, et trux Tartarus, et Moscus atrox.

Hi cum arcubus, at illi cum cavis
    Machinis collineantes. hinc trium
    E medio antri Terminorum
    Pectora gurgite prominent;
Pone quos, sub hederis tereticulis,
    Fixum est, Rex, tuum atque tuae SOPHIAE insigne.
    Elephas militari
    Cum cohorte turriger adstat.

Antistrophe II.

Vigiles capite custode crepidinem
    Retinere Dracones tutam amant. Ab his
    Surgit in gyrum, manu sceptrum Hera gestans,
    Superba pavo; post armisona Virgo dextra,
Cui noctua sacra est, hastilia
    Virgo crispans, ocquiniscens cassidam;
    Dehinc Dea cum corde aestuoso et
    Cum iaculo, ac puer aliger.
Nexa pensilibus arma latus habet
    Sertis, Musicae decus, aegidaque anguinam,
    Et in uno ligamine
    Ambo plexa grammata Regum.

Epodos II.

Sirenas excelsior post haec
    Erexit ordo, mamillis abundantem
    Prosipantibus liquorem.
Delphinas instigant fuscinis
    Nudi puelli; premit iacentes cochleas
    Protervus unguis. Equos Neptuni
    Non lassat umquam aquai rivus;
At ipse Neptunus summa tenens,
    Calce terit levem concham;
    Dextra tridente, laeva cornu praedita est.

IN LAUDEM REGII FONTIS.

Fontem, perpetuis quem duxit ad aethera lymphis
    Plurimus ingenii, REX FRIDERICE, labos,
Nymphae cum Musis, Dryades facilesque Napaeae
    Unanimi celebrem voce meloque canunt.
Adspice Neptunum; capita adspice laetus equina;
    Adspice, Delphines quanta fluenta vomant!
Sirenum fundunt liquidissima mulctra mamillae:
    Hic Venus, hic Pallas Iunoque regna gerit.
Eiaculatur aquas populorum Martia turba:
    Teuto, Thrax; Gallus, Sarmata; Moscus, Iber.
Omnia discutias; omnis simul undique et usque
    Constrepit in laudes unda susurra tuas.

IN CONNEXUM REGIARUM LITTERARUM.

Quam bene conveniunt FRIDERICI grammata Regis
    Et SOPHIAE! dignos digna corona decet.
Advena quid sentis? Pax et Sapientia regnant,
    Hic ubi iuncta Fides, hic ubi iuncta Salus.

FRIDERICO II. REGI DANIAE.

Pace quid utilius, quid Marte nocentius orbi?
    Hic perdit reges, illa perire vetat.
Stultitia exoptat bellum, sapientia pacem:
    Imperium nutu statque caditque Dei.
Marte suas gentes et vertere regna laborant
    Sanguinea quis faux ardet anhela siti.
Pace tuos stabili populos FRIDERICE gubernas;
    Inde beata suo DANIA flore viget.
Quam te regnantur sapienter principe terrae,
    Cui σοφία in corde est, cui SOPHIA ad latus est!

Eigentliche Brunnengedichte sind die beiden ersten, die das Kunstwerk aus unterschiedlicher Richtung wiederspiegeln[23]:

An Friedrich II., König von Dänemark

Wenn du die Monumente der Alten, Friedrich,
    weitberühmter König, abwägend musterst,
    kann man finden, daß am meisten bewundert
    wurden der Königsbau der Pyramiden
Ägyptens; dann der Pharos-Turm, bestimmt
    für nächtliche Leuchtfeuer, denen
    die Seeleute rudernd folgen sollten;
    daß ferner Babylons Mauern,
Von Semiramis errichtet, staunende
    Blicke auf sich zogen; sodann der Tempel
    der Diana von Ephesus,
    höchst prächtig erbaut.

Du liest, welches Liebesverlangen Artemisia
    verzehrte, so daß sie nach dem finsteren Verhängnis
    des Gatten Mausolos seine Asche mit Wein vermischt
    getrunken haben soll und errichtet ein gewaltiges Grabmal
Zum Ehrengedächtnis des Königs. Wenn du den berühmten
    Koloß des Sonnengottes auf dem schönen Rhodos
    oder das kunstvoll verfertigte Bildnis
    des olympischen Juppiter mir etwa
Zu erblicken meinst, was bewegt da nicht den Geist!
    Doch einen noch stärkeren Eindruck, glaube ich, machte

---

[23] Die folgende Übersetzung war fertig, als mir diejenige bei Kongsted, S. 100-102, bekannt wurde.

des Kyros Palast, sein exotischer
Mammon und die goldene Täfelung.

Dein Werk, o Lenker Dänemarks,
    wird den antiken Wundern, bei Gott, nicht nachstehn.
    Sicherlich wird zu den berühmtesten
Quellen der Born von Kronborg gehören,
    den du in der Stadt Nürnberg samt Sockel
    und Schaft und Architrav aus korinthischem
    Erz kunstvoll verzieren ließest
Mit gegossenen Statuen,
    nicht ohne große Kosten
    und den besonderen Eifer der Künstler.

Siehst du, wie der Ozean die feuchten Fluten
    auffängt im geräumigen, säulenverzierten Bassin?
    Auf diesem steht ein Deutscher, Franzose, Spanier,
    sodann ein Türke, ein wilder Tatar und grimmer Russe.
Diese zielen mit Pfeil und Bogen, jene dagegen
    mit Schießrohren. Als nächstes
    steigen aus der Mitte des Beckens drei Grenzgötter
    mit ihrer Brust aus dem Strudel empor;
Hinter ihnen, unter feinziselierten Efeuranken,
    ist dein Wappen angebracht und das deiner Sophia.
    Ein turmtragender Elephant
    steht mit einer Kriegerschar dabei.

Am sicheren Rand krallen sich Drachen, wachsam
    mit schützendem Haupt, zufrieden fest. Darüber
    erheben sich im Kreis: Hera, in der Hand das Zepter,
    stolz ihr Pfau; daneben die Jungfrau mit waffenklirrender Rechten,
Ihr ist die Eule heilig; die Jungfrau
    schwingt die Lanze, senkt den Helm;
    danach die Göttin mit dem stürmischen Herzen
    und mit dem Pfeil, sowie der geflügelte Knabe.
Die Seite zeigt Waffen, verknüpft mit Kranz-
    gehängen, das Wahrzeichen der Musik und den Schlangenschild,
    und in eine einzige Ligatur
    verflochten die Monogramme des Königspaars.

Sirenen hat die folgende, höhere
    Reihe aufgerichtet, ihre Brüste versprühen
    das Naß im Überfluß.
Nackte Knäblein geben Delphinen
    mit ihrem Dreizack die Sporen; keck tritt der Zeh
    auf Schnecken am Boden. Die Rosse Neptuns
    ermüdet niemals der Strom des Wassers;
Doch Neptun selbst auf der Spitze des Ganzen
    drückt mit der Ferse die glatte Muschel;
    die Rechte führt den Dreizack, die Linke das Horn.

114

Auf den Königlichen Brunnen

Den Brunnen, dessen nie versiegendes Strömen empor zum Himmel
    hob des Genies, König Friedrich, unermüdliches Wirken,
besingen mit den Musen die traulichen Elfen des Wassers, der Bäume
                                    und Täler
    eines Sinns mit Stimme und Lied, den berühmten.
Schau dir Neptun an, schau froh die Häupter der Rosse,
    schau, welche Flut die Delphine speien!
Den Brüsten der Sirenen entströmt die lauterste Milch.
    Hier herrscht Venus, hier Pallas und Juno.
Wasser verspritzt die Kriegsschar der Völker,
    Deutscher und Türke, Franzose und Pole, Russe und Spanier.
Wohin du auch blickst: zugleich, überall und ununterbrochen
    fällt jeder Strahl rauschend in dein Lob ein.

Anhand dieser Gedichte und der Angaben von Johann Gabriel Doppelmayr
sowie des von ihm veröffentlichen Stichs hat Ludwig Krauß den Kronborger
Brunnen recht einleuchtend folgendermaßen rekonstruiert (S. 55f.):

"Aus dem über dem Erdboden befindlichen Bassin des Springbrunnens er-
hob sich in dessen Mitte eine anscheinend dreiseitige oder runde nach oben sich
verjüngende Säule, welche durch vorspringende Sockel in drei Etagen geteilt war.
Auf dem zwischen dem Wasserspiegel und dem ersten Vorsprung befindlichen Teil
der Brunnensäule waren an den drei Ecken der Säule die Büsten des *Terminus*
(Grenzgottes) angebracht in der Weise, daß sich an jeder Ecke der Hinterkopf und
Rücken der nach dem Bassin frei vorspringenden Büste an den Vorsprung der
Säule anlehnte, während die nach unten in ein geschweiftes Ornament auslaufende
Basis der Büste an der Säule fest anlag und bis zum Wasserspiegel reichte. Die
zwischen den drei Büsten befindlichen Seitenflächen des untersten Teils waren
durch Efeugewinde ausgefüllt, die auf einer Seite das Reliefbild eines einen Turm
tragenden Elefanten (als Sinnbild der Weisheit), auf der anderen das Bild einer
Kriegerschar zeigten. Über den Köpfen der *Termini*, an den Ecken oberhalb des
ersten Vorsprungs befanden sich Drachen mit geöffneten Rachen, die Symbole der
Wachsamkeit. Auf dem untersten Vorsprung, an den Seitenflächen standen frei die
Standbilder der drei Göttinnen Juno, Venus und Minerva mit ihren Attributen: Minerva mit der Eule, Schild und niedergehaltenem Helm, den Speer in der Hand; ihr
zur Linken Venus, in der Rechten den Pfeil, in der Linken ein flammendes Herz
haltend, ihr zur Seite der Knabe Amor; links von Venus Juno mit dem Szepter in
der Rechten, neben ihr der Pfau. Auf einer Seite dieser Etage befanden sich die
Abbildungen von Waffen mit der schlangenumwundenen Ägis und von Musikin-
strumenten, mit Blumengewinden umzogen, über denen ein verschlungenes FS,
der Namenszug von König und Königin, angebracht war.

Oberhalb des zweiten Vorsprungs oder in der zweiten Etage der Säule befanden sich die Bilder der drei Sirenen, auf der dritten, in geschweiften Bogen sich
etwas verjüngenden Etage waren drei Delphine dargestellt mit auf ihnen reitenden
Knäbchen, die mit dem Dreizack ihr Reittier anspornten und mit dem einen Fuß
sich auf eine am Boden befindliche Schnecke stützten. Auf dem Gipfel der Brunnensäule "in der Höhe von mehr als zwanzig Schuhen" stand aufrecht Neptun auf
seinem von Seepferden gezogenen Muschelwagen, in der Rechten den abwärts ge-
senkten Dreizack, in der Linken als Blasinstrument eine Muschel haltend.

Das Bassin des Brunnens war außen von Platten in der Form von Rechtecken gebildet und glich einem sechseckigen Kasten, der an den sechs Eckkanten als Stütze für die Wände der Randeinfassung je eine Säule zeigte. Auf jeder dieser sechs Säulen stand eine kleine Figur, zusammen sechs, als Repräsentanten damals bekannter Völkerschaften, ein Deutscher, Franzose, Spanier, Türke, Pole, Russe. Diese sechs Figuren an den Ecken des Brunnenrandes waren mit der Front nach innen, dem Wasserbecken zugekehrt und hielten ihre Schußwaffen zum Zielen angelegt, drei mit Bogen und Pfeilen, drei mit Musketen, zum Teil auf Stützgabeln, bewehrt.

Von den zwischen den begrenzenden Ecksäulen des Wasserbehälters liegenden sechs Außenwandflächen des Brunnenkastens waren vier mit ornamentierten leeren Tafeln geziert, zwei neben einander liegende Seitenflächen stellten in einem Relief die zwei Erdhalbkugeln der alten und neuen Welt dar.

Aus allen Figuren "in der Anzahl von 36", den Brüsten der *Termini,* der Göttinnen und Sirenen, aus den Rachen der Drachen, Delphine und der übrigen Tiere, der oben befindlichen Seepferde Neptuns, aus Neptuns Dreizack und seiner Blasmuschel ergossen sich Wasserstrahlen als Springbrunnen in vielen Bögen in das Bassin herab; ebenso auch aus den Waffen (Gewehren und Pfeilen) der auf dem Bassinrand stehenden Figuren, die nach innen ihre Wasserstrahlen, in entgegengesetzter Richtung von den Figuren der Brunnensäule, nach der Mitte des Bassins ausströmen ließen."

Wie der mehrstufige Brunnen, so ist auch die Ode des Melissus in ihren Teilen wohlproportioniert. In der ersten Hälfte wird der Brunnen den antiken Weltwundern zugeordnet, in der zweiten wird er beschrieben. Die 1. Strophe und Antistrophe stellen je vier Weltwunder vor; das achte tritt korrigierend für das siebte ein, um dieses Gleichgewicht herzustellen, aber auch, um mit dem Palast des Kyros in Ekbatana zu Frederiks Schloß Kronborg überzuleiten, dessen Brunnen in der Epode es allein mit den zweimal vier Weltwundern von Strophe und Antistrophe aufnimmt, so, wie die zweite Hälfte der Ode, die Ekphrasis des Brunnens, gleichgewichtig neben der ersten, der Aufzählung der Weltwunder, steht. Diese zweite Hälfte vollzieht den Aufbau des Brunnens von der Basis bis zur Spitze nach, indem jede der drei Strophen drei Gruppierungen darstellt, und zwar so, daß sowohl die 2. Strophe wie ihre Antistrophe in eine Huldigung für das Herrscherpaar münden. An dieser Stelle wird deutlich, daß die Ausgewogenheit der Teile vom Prinzip der Steigerung dynamisiert wird: die sieben Weltwunder werden erst durch den Kyrospalast aufgebessert, dann durch den Kronborger Brunnen aufgewogen, der - das ist der deutlichste Bezug auf Horaz' Bandusia-Ode - zu den "berühmtesten" *fontes* gehören wird, während Horaz seine Bandusia nur unter die "berühmten" Quellen versetzten wollte. Die zweite Hälfte ist auf Steigerung allein schon dadurch angelegt, daß sie von der Basis zur Spitze, vom Fußvolk zur Hauptfigur aufsteigt. Der Herrscher selbst wird an Schwerpunkte des Aufbaus plaziert: ans letzte Drittel der ersten Odenhälfte und ans letzte Drittel der 2. Strophe und Antistrophe.

Das auf die Ode folgende Epigramm resümiert den Brunnenaufbau noch einmal in Kurzform, diesmal von oben nach unten. Wie Lechners Vertonung diesen den

Wasserstrahlen folgenden fallenden Bewegungsablauf aufnimmt, hat M. Kirnbauer an der Motette herausgearbeitet[24] :

"So fallen bereits zu Beginn eine Reihe von bildhaft 'textausdeutenden' Wendungen auf: So z.B. zu *Fontem* der Einsatz der Stimmen, die vom Diskant aus kaskadenartig herabperlen, und die Textwiederholungen gerade zum Wort *perpetuis*. Das Fundament - *Rex Friderice* - wird erst nach einigen Takten mit dem bis dahin stummen `Basis´-Einsatz erreicht. Die dem König angemessene Atmosphäre dieser Passage wird durch das Fanfarenmotiv (Quart- und Quintsprünge, Rhythmik) geschaffen. Auch das *labor* (herabgleiten, -rinnen) ist musikalisch durch diatonische Tonfolgen umgesetzt. Auch im weiteren Verlauf, in dem der Aufbau des Brunnens beschrieben wird, fällt immer wieder die Staffelung der Stimmen auf, die nicht ungefähr mit dem Thema ' Brunnen ' zu tun haben. Dies gilt auch für die Stelle mit dem Text *quanta fluenta*.

Der Aufruf *Adspice* wird deklamierend gesetzt und zur Bekräftigung vollstimmig triolisch wiederholt. Eine auch musikalische Gegenüberstellung von Venus und Pallas Athene wird erreicht durch ein ' weiches ' Melisma in den beiden Oberstimmen für die liebliche Göttin und einer ' rauhen ' Figur in den Unterstimmen für die kriegerische Göttin. Das *Ejaculatur* ist musikalisch in gebrochenen Akkordschritten, die triolisch rhythmisiert sind, ausgedrückt. Zu *Omnia* und *simul* sind auch alle Stimmen gleich geführt. Das onomatopoetische Wort *susurra* kostet der Komponist über eine längere Passage hinweg aus; er bietet es in einem Abwärtslauf dar und verwebt alle Stimmen zu einem Klangteppich, einem bewegten Wasserspiegel.

Diese ' neuen ' Beobachtungen - besonders die spielerisch zu nennende Freude über die neuen Möglichkeiten der wortbezogenen Vokalkunst - deuten auf eine ausgeklügelte Kompositionsweise unter Anwendung der wortausdeutenden Figurenlehre hin."

Die beiden anderen Epigramme, das eine ebenfalls von Lechner sechsstimmig vertont, das andere schon zur Hochzeit des Königs mit Sophie von Mecklenburg 1572 verfaßt[25], stehen mit dem Brunnen nur indirekt in Zusammenhang: sie deuten die Namen des Königspaares bzw. die zum Sinnbild stilisierten Initialen der Namen, das nach L. Krauß den Melissus-Druck zierte und auch auf dem Motettendruck zu finden ist. Es war an der Mitte der Brunnensäule angebracht als die einzige Selbstdarstellung des Königs innerhalb des Kunstwerks. Die Epigramme bieten, wie die *subscriptio* zum Emblem, die Erklärung des Sinnbilds: Die Initialen werden einmal als Monogramme der Eigennamen gelesen und etymologisierend als sprechende Namen ausgelegt: Frederik und Sophia stehen für das Regierungsprogramm Frieden (*Pax*) und Weisheit (*Sapientia*); zum anderen werden F und S als Initialen lateinischer Wertbegriffe aufgefaßt und in *Fides* (Treue) und *Salus* (Heil)

---

[24] M. Kirnbauer (s.o. Anm. 20), S. 120 f.

[25] Zu erschließen aus dem Thema und der Aufnahme in die *Schediasmatum reliquiae* 1575 (s.o. Anm. 21).

aufgelöst und als Folgeerscheinungen auf das Wirken des Königspaars zurückge-führt[26].

Innerhalb des vierteiligen Zyklus stellen die pindarische Ode und das erste Epi-gramm die poetische Abbildung des Brunnens dar; jene führt den Blick des Lesers von der Basis zur Spitze, dieses ihn mit den fallenden Wasserstrahlen wieder herab. Das dritte und vierte Gedicht umspielen schwebend die Mitte des Brunnens, die verschlungene Signatur des Herrscherpaars, und stellen gegenüber dem abbil-denden ersten ein auslegendes zweites Gedichtpaar dar. Die Reihung der vier Ge-dichte führt vom Kostbaren zum Schlichten: Die Ode erscheint als Hauptbeitrag, die beiden folgenden Epigramme, von denen das erste dreimal so umfangreich ist wie das zweite, zeichnen sich vor dem Schlußepigramm, das zudem nur ein Wiederab-druck ist, dadurch aus, daß sie zugleich Motettentexte sind. (Heutzutage scheint man anders zu gewichten: Das Ansehen des Musikers Lechner macht Melissus zu seinem obskuren Texter).

In der Ode sucht der Dichter mit dem Kunstbrunnen geradezu zu wetteifern. Er hat die erlesenste und schwierigste, in Deutschland durch ihn zuerst eingeführte lyrische Form für große Themen, die der pindarischen Ode, gewählt, auch hierin auf den Spuren Ronsards. Seine Sprache ist ein - für damals progressives - Amal-gam von Elementen, die gegenüber dem üblichen klassizistischen Maß der Neu-lateiner eine neue Intensität des Stils bewirken: singuläre Wörter aus unterschiedli-chen antiken Epochen (der Grammatiker Nonius Marcellus allein hat Wörter wie *aquilentus* - was Melissus in Analogie zum archaischen *aquula* modifiziert - und *ocquinisco* zu verbürgen), Schaffung erstmaliger Ableitungen durch Analogie-bildungen (*regurgito, tereticulus, prosipare*), Poetisierung technischer Begriffe (hier der Architektur, z.B. *basis* und *epistylium*) und prosaischen Aufzählens durch den im ganzen erhabenen Sprachduktus, Häufung von klanglichen Wirkungen und Stilfiguren (*Thrax et trux Tartarus et Moscus atrox*), souveräne Integration markan-ter Klassikerstellen (gleich zu Beginn Horazens berühmtes *Exegi monumentum aere perennius/ regalique situ pyramidum altius,* das der Beziehung von bildender Kunst und Sprachkunst Hintergründigkeit verleiht), verwirrende Fülle der Sin-neseindrücke, Emotionalisierung des Vortrags und, nicht zuletzt, der Eindruck profunder und enzyklopädischer Gelehrtheit (z.B. kennt Melissus die antike Dis-kussion um die Weltwunder; hinsichtlich des Kyrospalastes schließt er sich Hygi-nus' Kanonisierung an).

Melissus ist mit dieser Art von Lyrik in Deutschland Hauptvertreter eines manieristischen Dichtens im gar nicht so toten Latein geworden. Welche Bedeutung er dabei der vorliegenden Ode beimaß, geht aus dem Platz hervor, den sie in seinem Hauptwerk *Schediasmata poetica* von 1586 einnimmt: sie steht dort an zweiter Stelle, gleich nach der pindarischen Ode an Elisabeth I. von England, der das ge-

---

[26] Die Auslegung *Pax - Sapientia* auch in einer dänischen Versbeschreibung der Hochzeit 1572: Kongsted, S. 58 f. Dort S. 95 und 108 Abbildung der Initialen des Königspaars, wie sie auf dem Motettendruck und wohl auch Melissus' Sonderdruck zu sehen waren.

samte Werk gewidmet ist. An der Kronborg-Ode läßt sich studieren, wie sehr die persönliche Einstellung auf den frühabsolutistischen Herrscher, dessen Rang man stilistisch erreichen und dessen Interesse man durch Innovation finden möchte, zu barockem Dichten führt, im eigenen beruflichen, existenzsichernden Interesse.

Melissus hat seinem Zyklus über den Kronborger Brunnen, um sich am dänischen Königshof ins rechte Licht zu rücken, eine Geleitode an Tycho Brahe, den adeligen Astronomen, beigegeben, der schon den Auftrag an Labenwolf vermittelt hatte[27]. Zunächst spricht Melissus von dem Brunnen, wobei er auch diesmal den Künstler Georg Labenwolf nicht mit Namen nennt - hatte der doch mit seinem Säumen die Geduld des Königs weidlich strapaziert -, sondern stattdessen den Nürnberger Altbürgermeister Joachim Pömer rühmt, der nicht nur die Ausführung des Brunnens im Auftrag des Rats zu seiner Sache gemacht habe, sondern auch für das kühn kalkulierte Röhrensystem und den antikischen Charakter des Bildprogramms verantwortlich zeichne. Dann aber nennt er ohne Umschweife sein eigenes Anliegen: Er bittet Brahe, an höherer Stelle nicht nur an das Verdienst Pömers, seines Freundes, zu erinnern, sondern auch daran, daß Melissus für seinen Zyklus und der *cantor* (gemeint ist Leonhard Lechner) für seine Motetten auf die huldreiche Freigebigkeit des Königs hofften. Unverhohlen legt Melissus seine materiellen Interessen bloß, die ihn zu seinem barocken Aufschwung motiviert hatten.

Melissus' Ode an Brahe und sein Kronborg-Zyklus sind Teil des Bemühens Joachim Pömers, dem König als Angebinde zum Nürnberger Kunstbrunnen einige Gedichte von eigener Hand bzw. der des Melissus, z.T. von Lechner vertont, zu überreichen. O. Kongsted hat nachgewiesen, daß Pömer sich in einem Brief an Brahe vom 12. November 1582 als Veranlasser der Dichtungen und Kompositionen bezeichnet, und er hat aus der Tatsache, daß der König am 17. März 1583 Pömer zum Dank für die Verdienste um das Brunnenwerk eine Goldkette mit seinem Porträtmedaillon daran verlieh, aber die Gedichte und Motetten unerwähnt ließ, den Schluß gezogen, Pömer sei damit auch für die Gedichte und Motetten belohnt worden und habe seinerseits den Dichter und den Komponisten für ihre Bemühungen bezahlt[28]. Dann hätte sich also Melissus' Hoffnung auf den König nicht wie erwartet erfüllt.

Überdauert hat ironischerweise nicht der Brunnen, sondern - *aere perennius* - die Gedichte und Motetten. Die pindarische Ode mit dem ersten Epigramm ist - obwohl der eigentliche Springbrunnen erst um 1600 aufkommt - vielleicht das erste Gedicht, zumindest in Deutschland, auf diesen Brunnentyp und hätte damit eine Betrachtungsweise inauguriert, die in der deutschen Literatur schließlich zu C.F. Meyers *Römischem Brunnen* und R.M. Rilkes *Römischer Fontäne* geführt hat, den wohl schönsten deutschen Brunnengedichten überhaupt. Wie diese hat schon Me-

---

27 Melissus, *Schediasmata poetica*, Paris 1586, Teil 1, S. 450-452; bei Kongsted mit Übersetzung S. 105-107.

28 Kongsted, S. 53-55.

lissus das Aufsteigen und Fallen des Wassers zum Aufbauprinzip seines kleinen Gedichtzyklus gemacht.

Drei weitere Quellengedichte des Melissus seien hier wenigstens kurz vorgestellt. Sie sollen mit den bereits genannten veranschaulichen, daß unser Lyriker es bei diesem Thema durchaus mit einem Ronsard aufnimmt, ja aufnehmen will, nicht nur, was die Vielzahl der Quellengedichte betrifft, sondern erst recht in Bezug auf die Variationsbreite der Behandlung. Während Ronsard im wesentlichen von der ländlichen Quelle als Inbegriff der Heimat oder erotischen Intimität ausgeht, führt der "deutsche Ronsard" die in seiner Gegenwart durch den gewaltigen Aufschwung der Gartenkunst in Italien und Frankreich erreichte Vielfalt der Formen vor Augen.

Während seines zweiten Pariser Aufenthalts 1584-85 verkehrte Melissus auch im "Salon" des namhaften kaiserlichen Diplomaten Gislinus Busbecquius, der damals im Vorort St. Cloud residierte. Melissus hat sein Landgut bewundernd in einer Ode skizziert[29] , und wieder sind es die Quellen, die es ihm besonders angetan haben, vor allem jene, die damals gerade - eine technische Meisterleistung - über die neue steinerne Seinebrücke von St. Cloud mittels eines Aquädukts auf das rechte Ufer und weiter nach Paris zu Katharina von Medicis neuen Tuileriengärten im italienischen Renaissancestil geführt worden waren. Um aber der Verzauberung durch Busbecqs Landsitz eigens Ausdruck zu geben, widmet Melissus der schönsten Quelle des Gutes eine aitiologische Ode, d.h. er dichtet für sie eine Ursprungssage[30].

DE PHAEDROCRENE, FONTE AUGERII GISLENI BUSBEQUII.

> MNEME, perveterum gnara ab origine
>   Rerum, cui varias datum
>   Milleformis aevi
> Indagare vices: si tibi non grave est,
>   Enarra mihi, amabo te,
>   Unde PHAEDROCRENE,
> Laetos BUSBEQUII colliculos rigans,
>   Prima exordia sumpserit.
>   Pande, pande causam
> Eventumque rei. Sic ego; sic dea
>   Contra: Quas modo vineas
>   Pampinis amictas
> Hoc in monte vides, qua sacra verticem
>   Tollunt aeriam in plagam
>   Templa Clodoaldi;
> Saltus umbriferos apta cubilia
>   Scito montivagis feris
>   Frunduisse quondam,

---

29 *Schediasmata poetica*, Paris 1586, Teil 1, 141 f. Vgl. Pierre de Nolhac: *Un poète rhénan, ami de la Pléïade: Paul Melissus*. Paris 1923, S. 57 f.

30 *Schediasmata poetica*, Paris 1586, Teil 1, S. 534-536.

120

Longe (nam recolo sensibus) ante quam
   VARMUNDUS vada Sequanae,
   Galliaeque regnum
Tentasset, Saliis rex dominans agris,
   Francorum addere viribus.
   Acris hic solebat
Venatrix nemorum lustra per avia,
   Fidis non sine vertagum
   Naribus, vagari,
Phaedrorum suboles; cui medio die
   Fessae cum sitis aridas
   Aestuosa fauces
Torreret nimium, seque profusius
   Nymphe Sequaniis calens
   Proluisset undis;
Distento heu gelidis ventre miserrima
   Exspirans animam occidit
   In iugi sinistri
Clivo. Quid fit? Eam non Dryades modo
   Fleverunt, et Oreades;
   Verum et ipse amator,
GISLENI ingenuo stemmate nobilis,
   Tantis cum lacrimis dies
   Flevit atque noctes,
Hinc ut perspicuis fons subitaneus
   Emanarit aquis, fluens
   Limpido liquore,
Compescensque sitim sub calidissimo
   Rubri sidere Carcini,
   Siriaeque flammae.
Haec Mneme (memini si bene) rettulit.
   Tu GISLENIA ter quater
   Lympha PHAEDROCRENE
Salve, et perpetuas BUSBEQUIO seni
   Numquam deficientibus
   Suffice scatebras
Venis: unde bibens laetitia sibi
   Totum sentiat imbui
   Gaudioque pectus.

Mnemosyne, die Göttin des Gedächtnisses, berichtet aus grauer Vorzeit: Lange
vor Chlodwigs Enkel St. Cloud (Clodoaldus), ja selbst vor dem sagenhaften Fran-
kenfürsten Pharamond - Held in Ronsards damals aktuellstem Werk, der *Franciade*
von 1572 - habe in dieser Gegend eine Jägerin aus der Familie *Phaedrus* gelebt, die
einmal, von der Jagd erhitzt, zu unvorsichtig aus der kühlen Seine getrunken habe;
ihren Tod habe niemand mehr beweint als Gislinus, der "Stammvater" der heutigen
Besitzer, und aus seinen vielen Tränen sei ein "leuchtender Quell", die *Phaedrocrene* entstanden. Der Name erinnert den gebildeten Leser an die "Quelle des
Phaidros" in Platons *Phaidros* betiteltem Dialog über das Schöne, wo Sokrates den
Ort des Gesprächs am Ilissos preist: "Der Bach fließt klar unter der Platane und so
kühl; wir wollen schnell das Wasser mit dem Fuß versuchen. Nach den Bildern

und Weihgeschenken zu schließen, muß das ein den Nymphen und dem Acheloos heiliger Ort sein"[31]. Melissus läßt das Liebesverhältnis seines Gastgebers zu seinem Landgut und der Quelle schon im Altertum beginnen, mit einer Metamorphose, die die antik-ovidische Verwandlung von Tränen in eine Quelle (wie im Marsyas-Mythos z.B) benutzt, in Quellengedichten kein ungewöhnliches Thema ist (Pontano dürfte Pate gestanden haben) und wohl nicht mehr sein sollte als ein urbanes Kompliment.

Unser nächstes Beispiel führt nach England. In Paris hatte Melissus sein Hauptwerk, die *Schediasmata poetica*, zum Druck vorbereitet, um es anschließend Königin Elisabeth von England persönlich zu überreichen. In seinen Gedichten auf die Königin macht er sich die englische Konvention zueigen, die von Europas Herrschern Umworbene, sich aber zugunsten ihrer Untertanen einer solchen Ehe Verweigernde als die jungfräuliche Königin zu besingen und dabei halb wie eine Göttin, halb wie eine Geliebte darzustellen. Zu diesem Zweck verfaßte er auch eine Ode auf einen Quell in Elisabeths Gärten [32] :

IN FONTEM HORTENSEM
ELISABETHAE REGINAE ANGLIAE.

O argenteolis lucide rivulis
Fons, et frigidulis limpide glareis:
Ecquae Nympha loci te gelido cavae
　　Rupis ab antro

Limphis tam riguis elicit uberem?
Ut persaepe tuas margine in herbido
Miratur scatebras gemma Britanniae
　　Dulcis ELISA!

Ut persaepe sitim languidulae cies!
Tu candente oculos pascis imagine;
Aures tu satias murmure, tu rigas
　　Labra liquore.

Os, aures, oculos devoveo tibi,
Crystalli Cypriae splendidior vitro
Dulcis fonticule, o, fontis Ilissii
　　Dulcior undis.

Monstra quaeso mihi, quaeso tuam mihi
Nympham monstra, agedum. Nobilium lubens
Illam Naidum praeficiam choro,
　　Nobiliorem

Quam vel Cymodoce, quam vel Erotion,

---

[31] Platon, *Phaidros* 230 b (Übersetzung: R. Kassner).

[32] *Schediasmata poetica*, Paris 1586, Teil 1, S. 172 f. Wiederabdruck mit Übersetzung: Eckart Schäfer: *Deutscher Horaz*. Die Nachwirkung des Horaz in der neulateinischen Dichtung Deutschlands. Wiesbaden 1976, S. 90 f.

122

> Ulnis vel niveis candida Amyntias.
> Sic numquam tua nec sicca, nec arida
>   Vena dehiscat;
>
> Sic herbosa tibi gramina vestiant
> Ripam; sic viridis pomus opacula
> Defendat rapidum frunde Caniculae
>   Desuper aestum.

Von Melissus' Quellengedichten kommt dieses Horaz' *Bandusia* äußerlich am nächsten, steht aber in Wirklichkeit als ein Stück Höflingspoesie sehr fern. Die vielfache sinnliche Erquickung, die diese Quelle zu bieten hat, zählt nur, weil sie der Köngin etwas bedeutet und nur darum auch dem Dichter. Wenn dieser so eindringlich nach der Nymphe dieses Quells fragt[33], muß das den Leser auf den Gedanken bringen, ob diese nicht mit Elisabeth identisch sein könnte, der ebenfalls Jungfräulichen und zugleich Liebreizenden. Die Quellnymphe wird zu einer möglichen Epiphanie Elisabeths, eine höfische Schmeichelei schon im Geschmack des Barock.

Auch und gerade bei dieser Ode wäre die Kostbarkeit des Stils zu würdigen[34]. Aber etwas anderes verblüfft nicht weniger: Wie konnte Melissus eine Quelle besingen, die er noch nie gesehen hatte? Er hat sie zwar nur wenig individualisiert, aber nimmt man die folgende Ode auf den Garten der Königin hinzu, so deuten Einzelzüge auch ohne Namensnennung auf den Lieblingsaufenthalt Elisabeths, Hampton Court Palace, hin, besonders auf ihren *knot-garden* dort, mit Blumenbeeten in verschlungenen Mustern. Die Quelle dürfte aber kaum mehr gewesen sein als ein künstliches Fischbassin. Doch die Ausstrahlungen des italienischen Renaissancegartens hatten England schon erreicht, und das allgemeine Interesse an dieser neuen Kulturform war so groß, daß sich Melissus, übrigens mit Elisabeths Diplomaten, darunter dem Dichter Philip Sidney, bekannt, ein ungefähres Bild von Elisabeths Umgebung machen konnte[35].

Von England wurde Melissus nach Heidelberg an den Kurpfälzischen Hof berufen, an dem er bis zu seinem Tod wirkte. Dort hat er sein letztes Quellengedicht geschrieben, wohl sein schönstes[36]. Auf dem der Stadt gegenüberliegenden Heiligenberg wußte er eine Quelle, die er wie ein Asyl aufzusuchen liebte.

---

[33] Melissus spielt in V. 3 mit *Ecquae Nympha loci* auf das anonyme italienische Brunnenepigramm *Huius Nympha loci* an (s. o. S. 98)

[34] Vgl. Schäfer (s.o. Anm. 32), S. 91.

[35] Vgl. Marie-Luise Gothein: *Geschichte der Gartenkunst*, Bd. 2, Jena 1914, S. 52 f. über den Garten von Hampton Court.

[36] *De fonte in clivo occidentali montis sacri, e regione Haidelbergae*. Abdruck mit Übersetzung und Interpretation von E. Schäfer in: Volker Meid (Hg.): Gedichte und Interpretationen Bd. 1, Stuttgart 1982, S. 111-123. Erwähnenswert ferner die an Hieronymus Wolf gerichteten vier Ge-

Ad Ianum Gruterum IC.
De fonte in clivo occidentali montis sacri,
e regione Haidelbergae

Umbrositatem carpere saltuum
Fruique silvis usque adeo mihi
  Grutere sollemne est, ut optem
  Nil potius, nisi totus inter

Vireta posthac vivere, et emori
Cum spiritalem creditor halitum
  Reposcet aether. Praeter omnes
  Delicias et amoenitates

Et illecebras Fonticuli placent,
Illime flumen, simplice glarea
  Alboque lucentes lapillo,
  Murmure perstrepitante cursim.

Dulce est tueri gurgite ab intimo
Lympham scatentem perpete venula,
  Ergoque reclinem sedere
  Pascereque igneolos ocellos

Grato beati rore refrigeri.
Vel iste quantum candidulus liquor
  Adridet ambobus, propinquo
  Colle fluens, medio in recessu!

Nymphae frequentant et Dryades locum et
Comes Napeae. Mons cluet hic sacer
  Iam longo ab aevo. Nullus huc se
  Fert Capripes, fera nulla turbat,

Nulla insolescit buccina. Tutius
Urbe est asylum. Carmina pangimus
  Alterna: dumi ipsi recentant
  Harmosynen, resonant Rhodanthen.

Innoxiarum plurimus alitum
Canore misto nos chorus incitat,
  A mane per Solem diurnum
  Ad iubar Hesperium canentes.

Huc Aphrodite nuper, in ambitu
Quaerens Amorem perdita perditum,
  Sese recepit fessa, dulcem
  Sub ferula viridante rhamni

---

dichte auf den Wolfsbrunnen bei Landsberg (*Schediasmata poetica*, Paris 1586, Teil 1, S. 270 f.,
Teil 3, S. 45 f.).

> Carpens quietem. Sic ab anhelitu
> Obdormientis traxit hic angulus
>   Diviniorem, qua fruisci
>   Suaviter ambo solemus, auram[37] .

Während Melissus damit zur Naturquelle seiner Jugend und sozusagen zu Lotichius' *Acis* zurückkehrte, vereinigte er mit ihr nun viele der Vorstellungen, die Quellen ihm in seinem Leben vermittelt hatten: Verbundenheit mit der Geliebten (er fühlt sich zu Versen auf die Rosina seiner Liebeslyrik inspiriert), der numinose Charakter des Ortes (Quell-, Baum- und Bergnymphen und selbst Venus besuchen ihn, obgleich der Heiligenberg nach dem Michaelskloster heilig heißt), der ästhetische Reiz des Schönen (auch wenn ihn die Natur, nicht die Kunst liefert), das gemeinsame Dichten mit dem Freund (jetzt ist es der Emigrant Janus Gruter). So scheinen die Bäche Mellrichstadts, der Fonte Branda Sienas, der Kunstbrunnen Kronborgs, die *Phaedrocrene* von St. Cloud und das Wasserbassin von Hampton Court schließlich in den Quell am Westhang des Heiligenberges zu münden. Auf dem Heiligenberg wollte Melissus begraben sein: Quelle, das ist auch die Rückkehr des Endes zum Anfang.

III

Abschließend ein Ausblick auf Formen der Quellenlyrik im Barockzeitalter.

Das erste deutschsprachige Quellengedicht ist das Sonett von Martin Opitz auf den Wolfsbrunnen bei Heidelberg, 1620, also just auf der Schwelle vom lateinischen zum volkssprachigen Dichten entstanden. Bei diesem Neubeginn haben sich die deutschen Neuerer anscheinend lieber zu ausländischen Vorbildern bekannt als zu ihren neulateinischen Vorläufern in Deutschland. Um so aufschlußreicher sind Fälle, in denen man innerhalb der deutschen Entwicklung vergleichen kann. Fast siebzig Jahre vor Opitz hat der anfangs erwähnte J a c o b   M i c y l l u s   denselben Ort bedichtet.

Der Wolfsbrunnen hat seine Geschichte: "Frisches, klares, köstlich labendes Wasser aus der kühlen Tiefe des Berges, in mehreren Quelladern reichlich hervorsprudelnd und über moosbewachsene Felsen durch die dichte Wildnis seinen Weg bahnend, schwemmte im Laufe der Zeit die über dem harten Gestein gelagerten weichen Bodenmassen, den Schlier, emsig plätschernd dem Neckar zu, allmählich Tal und Bett des munteren Bächleins formend, das darum seit altersher den Namen Schlierbach trägt. Zu beiden Seiten seiner verschilften, sumpfigen Ufer lockten einst üppige, saftige Wiesen die zahlreichen Wildarten aus den weiten Waldrevieren der benachbarten Höhenzüge zur guten Äsung nahe der Quelle. Auch den ersten

---

[37] Eine eigene Übersetzung bietet W. von Moers-Messmer: *Der Heiligenberg bei Heidelberg. Seine Geschichte und seine Ruinen.* 3. Auflage. Heidelberg 1987, S. 96.

Siedlern aus der Umgebung boten sie gute Weideplätze für ihren reichlichen Viehbestand. Ruhe und Frieden atmeten in dem stillen Tal, Menschen und Tiere besänftigend, wenn nicht gar listig schleichend oder heulend einfallende Wolfsrudel dieses traute Idyll garstig zu stören versuchten. Das rauhe Gebot der Selbsterhaltung zwang die Menschen, sich dieser Störenfriede zu erwehren. Sie legten Köder aus in kreisrunde, etwa zwei Meter tiefe, durch Reisig leicht abgedeckte, gradwandige Fanggruben, um die fraßgierigen Wölfe zu überlisten. Im regelmäßigen Rundgang begangen, vermochten sie den in die Fallgrube eingebrochenen wilden Tieren ohne große Gefahren den Garaus zu bieten.

Zweifellos standen die ersten mit dieser Aufgabe betrauten Wolfsfänger in Diensten der hier im weiten Umfange die Waldgerechtigkeit innehabenden Pfalzgrafen bei Rhein. Als einer Art Jägermeister oblag es ihrer Geschicklichkeit, die Wölfe bei den Hofjagden aus ihren Verstecken aufzutreiben und einzukreisen. Darum nannte man sie Wolfskreiser und bezeichnete ihre Behausung als Wolfshaus. Ein solches Wolfshaus, unweit der Quelle des Schlierbaches gelegen, wird erstmals im Jahre 1465 bezeugt"[38].

Mit dem Aufstieg der Kurfürsten von der Pfalz im Renaissancezeitalter und im Anschluß an den Ausbau ihres Schlosses erfuhr auch die Schlierbachquelle ihre gestaltende Hand. Es war Friedrich II., ein leidenschaftlicher Jäger, der 1550

"den lauschigen und inmitten der weiten Jagdreviere vorzüglich zur jagdlichen Rast geeigneten Platz an der Quelle des Schlierbaches für die Errichtung eines fürstlichen Lusthauses bestimmte. (. . .) Die Hauptquelladern des Schlierbaches wurden in einem Brunnenhaus gefaßt, dem eine durch seitliche Treppen erreichbare, mit steinernen Bänken und Tischen versehene Wasserentnahmestelle vorgelagert war. Vor dem Brunnenhaus wurde der dem Müller der oberen Mühle des Schlierbaches verbriefte Wasseranteil durch steinerne, am Hause vorbeiführende Kandeln abgezweigt. Die übrigen Wassermengen speisten - bevor sie zu Tal flossen - vier terrassenförmig untereinander angelegte, der Forellenhaltung dienende Teiche"[39] .

Micyllus, Literaturprofessor in Heidelberg, reflektierte diese Umgestaltung kurz darauf in einem Epigramm [40]:

In Fontem Lycaeum prope Heidelbergam.

Hic veteres olim pangebant carmina Musae,
    Ibat et egelidos inter Apollo lacus,
Dum vada non ullo stabant haec obsita vallo,
    Et patuit nymphis unda Lycaea suis.
Nunc olidi circum quaerunt sua pascua capri,
    Et pecus intonsum gramina carpit ovis,
Furtivae postquam metuens contagia praedae,

---

38 Franz Vogelsang: *Der Wolfsbrunnen bei Heidelberg*. Heidelberg 1965, S. 6 f.

39 Vogelsang, S. 14 und 16, Abbildungen S. 11, 13, 15 und 17.

40 Jacobus Micyllus: *Sylvarum libri quinque*. Frankfurt/M. 1564, S. 295. Vgl. Michael Buselmeier: *Literarische Führungen durch Heidelberg*. Eine Kulturgeschichte im Gehen. Heidelberg 1991, S. 136-139 !

> Obstruxit vetitos cura ministra lacus,
> Insidiasque timens, raptorum vimque luporum,
> Amnicolas modico clausit in amne lupos.
> Sive igitur ratio, sive est haec numinis ira,
> Quae prohibet sacras fonte lacuque deas:
> Di nemorum indigetes, Fauni et cum Pane Lycaeo
> Oreades nymphae, turba, favete, procax.
> Ibimus et tacito lustrabimus omnia gressu,
> Valle sub umbrosa qua via cumque patet.
> Dumque alios fontes, alias inquirimus undas,
> Haec male qui servas flumina saepta, vale.

Micyllus, so scheint es, stellt den Wolfsbrunnen scherzhaft als von Wölfen umlagerten Wolfsquell dar, der 1550 durch Kurfürst Friedrichs Baumaßnahmen mitsamt seinen Wölfen durch das Brunnenhaus eingehegt worden sei, damit die Herden ringsum friedlich weiden könnten. (Wie zur Illustration des Verses 10 steht heute vor dem Brunnenhaus inmitten eines kleinen Teichs die Statue eines Wolfes). Andererseits ist für den Dichter mit der Domestizierung der Quelle, die sie auch den antikischen Quell- und Waldgeistern entzieht, ihr natürlicher Reiz dahin, und er muß sich nun andernorts einen Musenquell suchen.

Als M a r t i n   O p i t z den Wolfsbrunnen kennenlernte, war die Anlage "mit eingefaßten steinernen, durch Hecken und hohe Lindenalleen sowie laubberankte Arkaden umgebenen Wasserbecken" prächtig ausgestaltet worden, ein Lustort, der Studenten und Professoren ebenso anzog wie den Kurfürsten mit Gefolge[41]. Als Refugium des Kurfürstenpaares hat Martin Opitz den Wolfsbrunnen gepriesen[42]:

Vom Wolffsbrunnen bey Heidelberg.

Du edele Fonteyn mit Ruh und Lust umbgeben,
Mit Bergen hier und dar als einer Burg umbringt,
Printz aller schönen Quell, auß welchem Wasser dringt
Anmütiger dann Milch, und köstlicher dann Reben,
    Da unsers Landes Kron und Haupt mit seinem Leben,
Der werden Nymf, offt selbst die Zeit in frewd zubringt,
Da ihr manch Vögelein zu ehren lieblich singt,
Da nur Ergetzlichkeit und keusche Wollust schweben,
    Vergeblich bistu nicht in diesem grünen Thal
Von Klippen und Gebirg beschlossen uberall,
Die künstliche Natur hat darumb dich umbfangen

---

41 Vogelsang (s.o. Anm. 37), S. 16.

42 Abdruck der Erstfassung von 1624. Vgl. Martin Opitz: *Gesammelte Werke*. Kritische Ausgabe, hg. v. George Schulz-Behrend, Bd. II/2, Stuttgart 1979, S. 691 f. (Spätfassung); S. 692 f. *Uber den Queckbrunnen zum Buntzlaw in Schlesien*, die Quelle als Inbegriff des dichterischen Ursprungs in der Tradition von Lotichius' *Acis*. Zu Opitz' Wolfsbrunnen-Sonett: Günter Häntzschel: "Die Keusche Venus mit den gelerten Musis". Martin Opitz in Heidelberg. In: Klaus Manger und Gerhard vom Hofe (Hg.): *Heidelberg im poetischen Augenblick*. Die Stadt in Dichtung und bildender Kunst. Heidelberg 1987, S. 45-78.

> Mit Felsen und Gebüsch, auff daß man wissen soll
> Daß alle Fröligkeit sey Müh und arbeit voll,
> Und daß auch nichts so schön, es sey schwer zu erlangen.

Für Opitz scheint es keinen Gegensatz zwischen der natürlichen Beschaffenheit des Tals und der architektonischen Einfassung der Quelle zu geben. Ihm erscheint auch die natürliche Einschließung der Quelle durch die Berge als Kunstwerk, gleichsam als Emblem der "künstlichen Natur", durch das sie den Menschen lehrt, hier wie überall wolle der Zugang zum Schönen durch Mühen verdient sein. Das in Micyllus' Epigramm und Opitz' Sonett zentrale Motiv der Einschließung erweist das Sonett als eine Art Antwort auf Micyllus: Im Gegenzug wird die von Micyllus vermißte Natürlichkeit mit der Kunst der Architektur versöhnt und so die Rolle des Kurfürsten nicht als Eingriff in die natürliche Ordnung, sondern positiv als Bestätigung des inzwischen adligen Charakters der Quelle betrachtet. Die Nymphen, die bei Micyllus die verbaute Natur verlassen, werden abgelöst von der galant als Nymphe stilisierten Kurfürstin, für die der höfische Wolfsbrunnen der angemessene Lustort ist.

Barocke Stilmittel wie paradoxer Einfall und moralische Schlußfolgerung findet man schon in den Quellgedichten von Opitz' Lehrer Daniel Heinsius, zwei lateinischen Elegien, die hier aus Respekt vor der Eigenständigkeit der niederländischen Literatur nicht aufgenommen werden[43] . Ein reiner Quell bei Geraardsbergen, woher sein Vater stammte, lehrte den Niederländer, den vom Barockstoizismus Geprägten, das einfache Glück des natürlichen Lebens. Die in den Brüsseler Gärten des spanischen Statthalterpalastes damals bei einem Gartenlabyrinth aufgestellte Statue des Liebesgottes, die, statt Pfeile zu verschießen, kaltes Wasser verspritzte, sie wird ihm paradoxerweise zum Heilmittel, zu einer kalten Dusche g e g e n die Liebe. Man kann kaum umhin, sich Heinsius' ausdrücklich waffenlosen, wasserspritzenden Amor als eine Art Manneken-Pis vorzustellen, wie es dann 1619 im bürgerlichen Bereich der Stadt seinen festen Platz erhielt [44].

Von Heinsius' und Opitz' fast conceptistischer Umkehrung traditioneller Verhältnisse (Amor heilt Liebe, die Natur ist Kunst) ist es nur ein Schritt zu des Jesuiten J a c o b   B a l d e Ode auf den Marienbrunnen im bayrischen Wallfahrtsort Altötting[45]. Im Dreißigjährigen Krieg hatte der Erzbischof von Salzburg das Gnadenbild der Marienkapelle 1632 wegen der Kriegswirren für mehrere Monate in den

---

[43] Daniel Heinsius: *Poematum editio tertia..* Leiden 1610, S. 132-134 (*In fontem purissimum, in sylva non procul Gerardomonto*), 125 f. (*In Cupidinem Bruxellae iuxta labyrinthum artificiose factum, qui e fonte aquam iaculatur*).

[44] *Biographie Nationale de Belgique*, Bd.6, Brüssel 1878, S. 331, Artikel *Du Quesnoy, Jérôme*. Ein mögliches Vorbild des Manneken-Pis-Brunnens in den Gärten der Villa d'Este.

[45] Text mit Übersetzung: Hans Pörnbacher (Hg): *Die Literatur des Barock.* Bayerische Bibliothek, Bd. 2, München 1986, S. 160 f., 168. Vgl. Eckart Schäfer: 'Die Verwandlung' Jacob Baldes. In: Jean-Marie Valentin (Hg.), *Jacob Balde und seine Zeit*, Bern 1986, S. 127-156.

Salzburger Dom aufgenommen; 1637 ließ er zum Dank für den Schutz seiner Diözese im Krieg einen Marienbrunnen gegenüber der Kapelle errichten. Die beiden Brunnenbecken zeigen im Grundriß je vier halbkreisförmige Ausbuchtungen (V.9 aus der Perspektive des Betrachters: sechs statt acht); das untere wird von vier geflügelten Tritonen (V.3 Mohren?), das obere von vier Putten gespeist (V.5 Genius). Zwischen diesen ragt auf säulenartiger Basis die Statue der gekrönten Muttergottes mit dem Kind empor.

> FONS PARTHENIUS
> ante Sacellum Virginis.
>   Ad socios.
>
> Et hinc bibamus. quale lympha prosilit
>   Demissa frigenti pede!
> Non aliqua Mauri turpis hoc liquens vitrum
>   Manus propinat ossea:
> Sed Genius alti candidique marmoris,
>   Et sanguinis Carystii.
> En: ut columnam stat super cum limpido
>   Aquosa Mater Parvulo!
> Ut sena madidum concha derivat diem:
>   Ut lene crystallus fluit!
> Bibamus. o Fons virgines trudens aquas,
>   Nullo sopore languidas:
> Quem nec loquacis mite Blandusiae gelu,
>   Nec ros Lycormae vicerit:
> Ladonque numquam siccus, et nihil sui
>   Langia debens nubibus.
> Sic o pudicis semper undis emices.
>   Sed quid? bibamus denique.
> An tam profana post Iacchi pocula
>   Tam sacra nos arcet Thetis?
> Cras igitur omnes afferamus integram
>   Casteque purgatam sitim.

Mit dieser Ode schließt Baldes kleiner Zyklus *Odae Partheniae Oetinganae* zu Ehren der Schutzherrin Bayerns, verfaßt 1640, als Balde im Gefolge Maximilians I. auf der Durchreise den Wallfahrtsort besuchte. Er beginnt gleich bei der Ankunft der Reisegruppe mit der Begrüßung Mariens durch den Dichter. Da es dann doch erst am nächsten Morgen weitergehen soll, ist Zeit, im zweiten Gedicht mit der rußgeschwärzten Marienstatue in der alten Gnadenkapelle Zwiesprache zu halten. Das dritte erzählt in quasi-ovidischer Manier die Ursprungssage der sich vor der Kapelle erhebenden mächtigen, uralten Linde. Mit dem letzten tritt der Dichter vor den barocken Marienbrunnen. Auch hier fällt auf, daß die poetischen Vorstellungen sich der Optik heidnisch-antiker Poesie eng anpassen, sie dabei aber transzendieren und entwerten. Der Trank, den die Jungfrau Maria spendet, ist jungfräulicher als der der heidnischen Nymphe, so daß der Brunnen die berühmten Quellen des Altertums (extravagant die Anspielung auf die *Langia* in Statius' *Thebais*) und manchen weltlichen Brunnen der Neuzeit durch einen qualitativen Sprung aussticht. Freilich läßt der ironische Dichter den radikalen Anspruch seiner christlichen, also besseren Lyrik ästhetisch in der Schwebe: Balde selbst hat Wein getrunken, wird also erst am nächsten Morgen die heilige Nüchternheit für Marias Trank besitzen.

Melissus' Kronborger Brunnen, Opitz' Nachdichtung eines lateinischen Fontänenepigramms Maffeo Barberinis, des späteren Papstes Urban VIII.[46], Baldes Jungfrauenbrunnen: diese Reihe barocker Kunstbrunnen wird abgerundet durch ein Gedicht des Nürnberger Pegnitz-Schäfers J o h a n n   K l a j , das durch Entfaltung der rhythmischen, klanglichen und begrifflichen Möglichkeiten der aufstrebenden Muttersprache die barocke Lust am Springbrunnen sinnfällig macht[47]:

"Sie befunden sich nun auf einer aus der Maßen lustigen und von der Vogel hellzwitscherenden Stimlein erhallenden Wiesen, reyhenweise besetzet mit gleichausgeschossenen, krausblätrichten, dikbelaubten hohen Linden, welche, ob sie wol gleiches Alters, schienen sie doch zu streiten, als wenn eine die andere übergipfeln wolte. Unter denselben waren drey hellquellende Springbrunnen zu sehen, die durch das spielende überspülen ihres glatschlüpfrigen Lägers lieblich platscheten und klatscherten. Bey solchem Spatzierlust sange Klajus:

> Hellgläntzendes Silber, mit welchem sich gatten
> Der astigen Linden weitstreiffende Schatten,
> Deine sanfftkühlend-beruhige Lust
>   Ist jedem bewust.
> Wie solten Kunstahmende Pinsel bemahlen
> Die Blätter? die schirmen vor brennenden Strahlen,
> Keiner der Stämme, so grünlich beziert,
>   Die Ordnung verführt.
> Es lisplen und wisplen die schlupfrigen Brunnen,
> Von ihnen ist diese Begrünung gerunnen,
> Sie schauren, betrauren und fürchten bereit
>   Die schneyichte Zeit."

Das Gedicht "malt" drei Springbrunnen in einer Lindenallee auf den berühmten Hallerwiesen vor den Toren Nürnbergs: in der ersten Strophe die Symbiose von Brunnen und Bäumen in der Mischung von Wasserglitzern und Baumschatten, in der zweiten im Nebeneinander der Bewegung der Fontänen und der Ordnung der Allee, in der dritten im Bedingungsverhältnis von Wasser und Begrünung. G. Kaiser[48] ergründet die Intention dieses "Malens mit Worten und Klängen":

---

[46] Maffeo Barberini: *Sopra una fonte di bell'artificio*: Text, Übersetzung, Erläuterung bei Hugo Friedrich, *Epochen der italienischen Lyrik*, Frankfurt/M. 1964, S. 591-593 (Sonett); *In Fontem miri artifici*, in: *Poemata*. Editio secunda, Paris 1623, S. 59 (Epigramm). Das lateinische Epigramm war Vorlage für Opitz' Sinngedicht *Auff einen Brunnen*, wieder abgedruckt in: Albrecht Schöne (Hg.): *Das Zeitalter des Barock*. Texte und Zeugnisse, München 1963, S. 684.

[47] Georg Philipp Harsdörffer - Sigmund von Birken - Johann Klaj: *Pegnesisches Schäfergedicht*. 1644-1645. Hg. v. Klaus Garber, Tübingen 1966, S. 20.

[48] Gerhard Kaiser: *Augenblicke deutscher Lyrik*. Frankfurt/M. 1987, S. 89-93.

130

"Lispelnd und wispelnd, schaurend und betraurend ahmen die Wortklänge das Wassergeräusch nach und zeigen damit das Doppelgesicht der Sprache nach barocker Theorie: als Zeichensystem Nachklänge von Naturlauten zu erhalten (...). Es ist die Doppeleigenschaft der Sprache, wie die bedichtete Landschaft Natur und Kunst zu sein."

Die Lokalisierbarkeit dieses - zugleich einem utopischen Arkadien angehörenden - Gedichts war damals, 1644, bereits eher die Ausnahme[49].

Während sich das deutsche Quellengedicht danach über das ' hic et nunc ' zu erheben begann, wurde das auslaufende lateinische noch einmal ganz, ja allzu konkret. Mit Systematik und Wissenschaftlichkeit hat F e r d i n a n d   v o n F ü r s t e n b e r g , Bischof von Paderborn, die bemerkenswerten Quellen seiner Diözese behandelt. Sie gehören zu seinen *Monumenta Paderbornensia ex historia Romana, Franconica, Saxonica eruta et notis illustrata* (1672)[50], ein für die Landeskunde bahnbrechendes Werk, - mit ihm setzte sich z.B. die Umbenennung des Osning zum Teutoburger Wald und die unermüdliche Suche nach dem Schauplatz der Varus-Schlacht durch. Fürstenberg kommentiert nicht einfach antike und frühmittelalterliche Zeugnisse, sondern er gießt das von einem Ort, einem Fluß Überlieferte erst einmal in die Form eines Epigramms, das dann wie eine altüberkommene Inschrift wissenschaftlich erläutert wird.

F O N T E S   L U P P I A E.
MEMORIAE. SACRUM

[1]LUPPIA.ROMANIS.ANNALIBUS.INCLYTUS.AMNIS
NEC.MINUS.IN.FRANCA.NOBILIS.HISTORIA
HIC.ORITUR.NOMENQUE.DEDIT.FAMAMQUE.NERONUM
QUO.SITA.MAJORIS.[2] CASTRA.FUERE.LOCO
ET.QUEM.CONCILIO.PRO.RELLIGIONE.VOCATO
SAXONIAE.CAROLUM.[3] TER.CELEBRASSE.FERUNT
DEVENERARE.SACRUM.FLUVII.CAPUT.HOSPES.ET.ALTE
CELATIS.NILI.PRAEFER.ORIGINIBUS
QUI.LICET.INNUMERIS.TUMIDUS.PETET.AMNIBUS.AEQUOR
FONTE.TAMEN.MAJUS.LUPPIA.NOMEN.HABET

FERDINANDUS.DEI.ET.APOSTOLICAE
SEDIS.GRATIA.EPISCOPUS.PADERBORNENSIS
COADJUTOR.MONASTERIENSIS.S.R.I.PRIN-
CEPS.COMES.PYRMONTANUS.ET.LIB.BARO
DE.FURSTENBERG

---

49 K. Garber (s.o. Anm. 47), S. 11 f.

50 Ferdinand von Fürstenberg: *Monumenta Paderbornensia ex historia Romana Francica Saxonica eruta et notis illustrata.* Paderborn 1672; *Editio altera priori auctior,* Amsterdam 1672. Die Quellengedichte allein auch in Ferdinand von Fürstenberg: *Poemata.* Amsterdam 1671. Hiernach *Fontes Luppiae,* S. 105.

AD.FONTES.LUPPIAE.FLUMINIS.IN.DITIONE.PADERBOR-
NENSI.SURGENTIS.ROMANI.EXERCITUS.HIBERNIS.ET.
CAROLI.M.CONCILIIS.CELEBRATOS
M. H. P.

[1] Mela lib.3. cap.3. Tacit. annal. l.2. & hist.5. Strabo l.7. Dio Cass. l.54.
[2] Velleius Paterculus l.2. cap. 105. nunc LIPSPRINC vocatur.
[3] An. 776. an. 780. & an.782. Astronomus Regino, aliique Franciae hist.
scriptores.

Demgemäß sind die Quellengedichte - sieben an der Zahl - Inschriften, durch die die Quelle - z.B. die der Lippe - dem Betrachter ihre Bedeutung in der römischen und frühmittelalterlichen Geschichte oder - die Wunder der Natur interessierten den Bischof nicht minder - ihre geologische Besonderheit, sei sie eine Heilquelle (wie die von Bad Driburg) oder eine intermittierende Quelle, mitteilt, - im Interesse für Heilquellen ist der Bischof ein Wegbereiter der Bäderkultur des 18. und 19. Jahrhunderts. Das Dichterische ist hier nur noch Einkleidung. Der Bischof hat den Quellen nicht nur durch seine Epigramme und auf den Kupferstichen der Elzevir-Prachtausgabe ein Denkmal gesetzt, sondern vermutlich seine Inschriften auch ' in situ ' , bei den Quellen selbst anbringen lassen. Das neulateinische Quellengedicht kehrt damit gleichsam zu seinen Ursprüngen zurück, genauer: zum Epigramm auf eine Quellnymphe, aber die Nymphe ist inzwischen ausgetrieben worden. Die entmythologisierte Quelle war dem Bischof trotzdem kein geringeres Wunder. Indem er an das - seiner Meinung allerdings zu unwissenschaftliche - Interesse des älteren Plinius für Gewässer und Quellen und an das antike Epigramm auf die für Augen heilsame Quelle auf Ciceros Landgut bei Puteoli erinnert, bekennt er: *Eo nunc magis, opinor, probabitur, coronari a nobis fontes, celebrari carminum inscriptionibus, commendari virtutes aquarum, extolli naturae miracula, quae demum in ipsum naturae Opificem auctoremque rerum mortalium refunduntur*[51].

Zum Schluß die Frage: Gibt es typische Merkmale deutscher Quellengedichte in Renaissance und Barock? Auffällt, daß diesen Quellen Erotik weitgehend fernbleibt. Das Heimatgefühl von Dichtern verknüpft sich gern mit der heimischen Quelle. Die Kunstfertigkeit, mit der eine Quelle genutzt wird, inspiriert die Poeten, z.B. auch zur Demonstration eigener Kunst und Gelehrtheit. Die Quelle dient zuweilen höfischer Schmeichelei. Sie führt aber auch ins Zentrum der Schöpfung Gottes. Sie scheint, was ihre konkrete Anschaulichkeit betrifft, unanschaulicher und ortloser zu sein als z.B. bei den Italienern. Dafür ist sie weniger eine Quelle der Phantasie, der man womöglich ein heidnisches Opfer bringt, sondern statt einer anonymen eine Quelle mit Namen in der realen Welt. Aber solche Eindrücke könnten teils aus überkommenen Vorurteilen stammen, teils damit zusammenhängen, daß die deutschen Quellengedichte spät, zwischen 1540 und 1670, entstanden sind.

Nachdenklich stimmt, daß viele der bedichteten Quellen mitsamt ihren Gedichten in Vergessenheit geraten sind, versiegten oder kanalisiert wurden. Mit

---

[51] *Monumenta Paderbornensia*, Amsterdam 1672, S. 249.

ihnen ist ein Stück irdisches Paradies verschwunden. Soweit sie noch fließen, auch als Erfolg bewußter Landschaftspflege, muß heute um die Begrenzung ihrer Schadstoffbelastung gekämpft werden.

133

Ausgaben und Kommentare zu Teil A.

Toscanus: Carmina illustrium poetarum italorum Io. Mathaeus Toscanus conquisivit, recensuit, bonam partem nunc primum publicavit, 2 vol., Lutetiae 1576.

Gruterus: Deliciae CC Italorum poetarum huius superiorisque aevi illustrium, collegit Ranutius Gherus (Janus Gruterus), 2 vol., (Frankfurt) 1608.

Seyffert, M., Palaestra Musarum. Anthologie aus neueren lateinischen Dichtern, Halle 1834/35.

Arnaldi: F. Arnaldi - L.G. Rosa - L. M. Sabia, Poeti Latini del Quattrocento, Milano/ Napoli 1964 (La Letteratura Italiana. Storia e testi 15).

Laurens: Musae Reduces. Anthologie de la poésie latine dans l'Europe de la Renaissance. Textes choisis et traduits par P. Laurens, avec la collaboration de C. Balavoine, 2 vol. Leiden 1975.

Perosa: Renaissance Latin Verse. An Anthology compiled and edited by A. Perosa and J. Sparrow, London 1979.

McFarlane, I.D., Renaissance Latin Poetry, Manchester - New York 1980 (Literature in Context).

Nichols, F.J., An Anthology of New-Latin Poetry, Yale Univ. Press 1979.

Mattiacci, Silvia, I carmi e i frammenti di Tiberiano, Introduzione critica, traduzione e commento (Accademia Toscana di Scienze e Lettere "La Colombaria", Studi XCVIII), Firenze 1990, p. 55 und der reichhaltige Kommentar zum Quellenthema p. 71 ff. und 101 ff.

Literatur

Blänsdorf, J., Landino - Campano - Poliziano - Pascoli. Neue Dichtung in antikem Gewande, in: Gymnasium 91, 1984, 61-84.

Briesemeister, D., Zur Stellung der neulateinischen Dichtung in der französischen Klassik, in: Die Neueren Sprachen 10, 1968, 490-505.

Buck, A., Die Rezeption der Antike in romanischen Literaturen der Renaissance, Berlin 1976.

Cesbron, G. (Hg.), Du Bellay, Actes du Colloque International d'Angers 1989, Presses de l'Université d'Angers, vol. II, 1990.

Curtius, E.R., Rhetorische Naturschilderung im Mittelalter, Romanist. Forschungen 56, 1942 (Ndr. 1978), 219-256, hier 229 ff.

ders., Europäische Literatur und lateinisches Mittelalter, Bern 1948, 2.Aufl. 1969.

134

Dahlmann, H., Zu Fragmenten römischer Dichter, Abh. Ak. d. Wiss. Mainz 1982, 11, 17.

Demerson, Geneviève, Dorat en son temps. Culture classique et présence au monde, Clermont-Ferrand 1983 (Héritages 1).

dies., Joachim Du Bellay, disciple d'Horace, in: Cesbron (1990) 89-98.

Elwert, W.Th., Die Lyrik der Renaissance und des Barock in den romanischen Ländern, in: K. von See (Hg.), Neues Handbuch der Literaturwissenschaft, Bände 9/10 Renaissance und Barock, Frankfurt 1972, 82-127.

ders., Il petrarchismo cinquecentesco e la poesia latina degli umanisti, in: Petrarca e il Petrarchismo nei paesi slavi, Zagreb/Dubrovnik 1978, 173-177.

ders., Reim und rhetorische Figuren in Petrarcas 'Canzoni sorelle' Chiare, fresche e dolci acque (126) und Se'l pensier che mi strugge (125), in: Romanisches Mittelalter, Festschr. zum 60. Geburtstag von R. Baehr, (Göppingen) 1981, 65-83.

ders., Pascoli: "Fanciullino" und Versvirtuose, in: ders., Studien zu den romanischen Sprachen und Literaturen, Bd. IX: Europäische Wechselbeziehungen, Stuttgart 1986, 122-132.

Françon, M., Sur l´influence de Pétrarque en France aux XVe et XVIe siècles, in: Keller, L. (Hg.), Übersetzung und Nachahmung im europäischen Petrarkismus. Studien und Texte, Stuttgart 1974 (Studien zur Allgemeinen und Vergleichenden Literaturgeschichte 7), 12-18.

Ginsberg, Ellen, Peregrinations of the kiss. Thematic relationships between Neo-Latin and French poetry in the Sixteenth Century, in: Acta Conventus Neo-Latini Sanctandreani 1982, Binghamton, New York 1986 (Medieval and Renaissance texts and Studies 38).

Hallowell, R.E., Ronsard and the Gallic Hercules myth, Studies in the Renaissance 9, 1962, 242-255.

Hoffmeister, G., Petrarkistische Lyrik, Stuttgart 1973.

Huon, Antoinette, Le thème du prince dans les entrées parisiennes au XVI siècle, in: Jacquot (1973), 21 ff.

Ijsewijn, Diffusion et importance historique de la littérature néo-latine, Arcadia 4, 1969, S. 179-198.

ders., Companion to Neo-Latin Studies, Amsterdam 1977

ders., Companion to Neo-Latin Studies, Part I: History and Diffusion of Neo-Latin Literature, Second entirely rewritten edition, Leuven 1990 (Supplementa Humanistica Lovaniensia).

Jacquot, J. (Hg.), Les fêtes de la Renaissance, t. I, 2. éd., Paris 1973.

Jung, M.-R., Hercule dans la littérature francaise du XVI siècle. De l'Hercule courtois à l'Hercule baroque, Genève 1966 (Travaux d'Humanisme et Renaissance LXXIX).

ders., Etudes sur le poème allégorique en France au moyen âge, Romanica Helvetica 82, Bern 1971, 148 ff.

Kennedy, W.J., Jacopo Sannazaro und the use of pastoral, Hanover 1983.

Kidwell, Carol, Pontano, Poet and prime minister, London 1991.

Krautter, K., Die Renaissance der Bukolik in der lateinischen Literatur des XIV Jahrhunderts: von Dante bis Petrarca, München 1983 (Theorie und Geschichte der Literatur und der schönen Künste, Texte und Abhandlungen 65).

Lavaud, J., Un poète de cour au temps des derniers Valois, Ph. Desportes (1546-1606), Paris 1936.

Lecoq, Anne-Marie, François Ier imaginaire. Symbolique et politique à l'aube de la Renaissance française, Paris 1987 (Art et Histoire).

Ludwig, W., Humanistische Gedichte als Schullektüre. Interpretationen zu Sannazaro, Flaminio und Pontano, in: Der Altsprachliche Unterricht 29,1 : Zur Lektüre mittel- und neulateinischer Texte, Stuttgart 1986, 53-74.

ders., Neulateinische Literatur, in: Der Literatur-Brockhaus II, Mannheim 1988, 694-696.

Maddison, Carol, Marcantonio Flaminio, Chapel Hill/London 1965.

Maïer, Ida, Ange Politien, La formation d'un poète humaniste 1469-1480, Genève 1966 (Travaux d'Humanisme et Renaissance 81).

Mathieu-Castellani, Gisèle, Les thèmes amoureux dans la poésie française (1570-1600), Paris 1975.

McFarlane, I.D., Poésie néolatine et poésie de langue vulgaire à l'époque de la Pléiade, in: Acta Conventus Neo-Latini Lovaniensis, München/ Leuven 1973, S. 389-403.

ders., La poésie neo-latine à l'époque de la renaissance française - Etat présent de recherches, Nouvelle revue du seizième siècle 1, 1983, 490-505.

Millet, O., Les Epigrammata de 1558, in: Cesbron 1990, 569-583.

Minta, Stephen, Petrarch and Petrarchism. The English and French traditions, Manchester / New York 1980 (Literature in Context series).

Monga, L., Le genre pastoral au XVI siècle. Sannazar et Belleau, Paris 1974 (Encyclopédie universitaire).

Murarasu, D., La poésie néolatine et la renaissance des lettres antiques en France (1500-1549), Paris 1928.

Naiden, J.R., Relevance of Neo-Latin Literature to the Vernaculars, 1400-1900, Revue des Etudes Latines 30, 1952, 83 ff.

Outrey, A., Joachim Du Bellay et la fontaine de Véron, Revue du seizième siècle 19, (Paris) 1932-33, S.246-261.

Roloff, H.G., Neulateinische Literatur, in: Propyläen-Geschichte der Literatur: Renaissance und Barock 3/4, Berlin 1984, 196-230.

Saulnier, L., Du Bellay. L'homme et l'œuvre, Paris 1951 (Connaissance des Lettres 32).

ders., L'entrée de Henri II à Paris et la révolution poétique de 1550, in: Jacquot (1973), 31 ff.

Schäfer, E., Deutscher Horaz. Conrad Celtis - Georg Fabricius - Paul Melissus - Jacob Balde. Die Nachwirkung des Horaz in der neulateinischen Dichtung Deutschlands, Wiesbaden 1976.

Schönbeck, G., Der locus amoenus von Homer bis Horaz, Diss. Heidelberg 1962.

Smith, M.C., An early edition of Joachim Du Bellay's Veronis in fontem sui nominis, Bibl. d'Hum. et de la Renaissance 39, 1977, 295-305.

Soubeille, G., Le thème de la source chez Horace et chez Salmon Macrin, Pallas, 20, 1973, 59-74.

ders., Une renaissance d'Horace en France au XV siècle, in: Cahiers de l'Europe classique et néolatine 2, Toulouse 1981 (Travaux de l'Université de Toulouse-Le Mirail, série A. t. XXIII).

ders., Amitiés de Salmon Macrin parmi les poètes de langue vernaculaire, in: G. Castor/ T. Cave (Hg.), Neo-Latin and the vernacular in Renaissance France, Oxford 1983 - New York 1984, 98-112.

Sparrow, J., Latin Verse of the high Renaissance, in: ders., Italian Renaissance Studies, London 1960, S. 354-409;

Spitzer, L., The problem of Renaissance Latin poetry, Studies in the Renaissance 2, 1955, 118-138 (wiederabgedruckt in: Spitzer, L., Romanische Literaturstudien, Tübingen 1959, 913-944).

Stracke, Margarethe, Klassische Formen und neue Wirklichkeit. Die lateinische Ekloge des Humanismus, Romania Occidentalis 2, 1981.

Tristram, Hildegard L.C., Warum Cenn Faelad sein "Gehirn des Vergessens" verlor. Wort und Schrift in der älteren irischen Literatur, in: dies. (Hg.), Deutsche, Kelten und Iren - 150 Jahre deutsche Keltologie, Festschr. G. Mac Eoin, Hamburg 1990, 207-248.

van Tieghem, P., La littérature latine de la Renaissance, 'Etude d'histoire littéraire européenne. Paris 1944 (Ndr. Genève 1966).

Wilkins, E.H., The Epistolae metricae of Petrarch. A Manual. Roma 1956 (Sussidi eruditi 8).

Ausgaben und Kommentare zu Teil B.

Baïf: La Pléiade Françoise. Euvres en Rime de Ian Antoine de Baïf. Ed. par Ch. Marty-Laveaux. Genève 1966, Bd. II.

Du Bellay: *Poésies Françaises et Latines de Joachim Du Bellay*. Avec notice et notes par E. Courbet. Tome Second. Paris: Garnier 1931.

J. Du Bellay, *Olive*, texte établi avec notes et introduction par E. Caldarini, Genève 1974.

Lirici del Cinquecento, commentati da Luigi Baldacci. Firenze: Salani Editore 1957.

Poesia del Quattrocento e del Cinquecento. A cura di Carlo Muscetta e Daniele Ponchiroli. Torino: Giulio Einaudi editore 1959.

Pierre de Ronsard, *Oeuvres Complètes* I, Ed. crit. avec introduction et commentaire par Paul Laumonier, Paris 1931.

Pierre de Ronsard, *Oeuvres Complètes* V. Ed. crit. par Paul Laumonier, Paris 1928.

Pierre de Ronsard, Stances de la Fontaine d´Hélène. In: *Oeuvres Complètes* XVII,2. Ed crit. par Paul Laumonier. Paris 1959.

Galeazzo di Tarsia, *Rime*. Edizione critica a cura di Cesare Bozzetti. Milano 1980.

Torquato Tasso, *Aminta e Rime*. A cura di Francesco Flora. 2 Bde. Torino 1976, Bd. 2.

Pontus de Tyard, *Les Erreurs Amoureuses*. Ed. crit. par Jahn A. McClelland, Genève 1967.

Literatur

Gisèle Mathieu-Castellani, Les thèmes amoureux dans la poésie française. 1570-1600 Paris: Klincksieck 1975.

Paul Laumonier, Ronsard, poète lyrique. Paris 1932.

Ausgaben und Kommentare zu Teil C.

Maffeo Barberini: *Poemata.* Editio secunda, Paris 1623.

Karl Otto Conrady: *Lateinische Dichtungstradition und deutsche Lyrik des 17. Jahrhunderts,* Bonn 1962.

Ferdinand von Fürstenberg: *Monumenta Paderbornensia ex historia Romana Francica Saxonica eruta et notis illustrata.* Paderborn 1672; *Editio altera priori auctior,* Amsterdam 1672.

Ferdinand von Fürstenberg: *Poemata.* Amsterdam 1671.

Georg Philipp Harsdörffer - Sigmund von Birken - Johann Klaj: *Pegnesisches Schäfergedicht.* 1644-1645. Hg. v. Klaus Garber, Tübingen 1966.

Michael Haslob: *Libri XIV Carminum,* Frankfurt o.J., f. d7v: Fons.

Daniel Heinsius: *Poematum editio tertia..* Leiden 1610.

Petrus Lotichius Secundus: *Elegiarum liber. Eiusdem Carminum libellus.* Paris 1551.

Petrus Lotichius Secundus: *Opera omnia.* Quibus accessit vita eiusdem, descripta per Ioannem Hagium. Leipzig 1586.

Petrus Lotichius Secundus: *Poemata quae exstant omnia,* rec. Carolus Traugott Kretzschmar, Dresden 1773.

Lotichius: Stephen Zon: *Petrus Lotichius Secundus, Neo-Latin Poet.* Bern-Frankfurt-New York 1983.

D. Martin Luthers *Werke* (Weimarer Ausgabe), Bd. 35, Weimar 1923.

Paulus Melissus: *Epigrammata in urbes Italiae.* Anhang zu Nicolaus Reusner, *De Italia, regione Europae nobilissima libri duo,* Straßburg 1585, Bd. 2, eigene Paginierung +8v - ++2r.

Paulus Melissus: *Schediasmata poetica.* Frankfurt a.M. 1574.

Paulus Melissus: *Schediasmata poetica,* secundo edita multo auctiora, Paris 1586.

Paulus Melissus: *Schediasmatum reliquiae,* Frankfurt/M.

Jacobus Micyllus: *Sylvarum libri quinque.* Frankfurt/M. 1564.

Jacobus Micyllus: *Sylvarum libri quinque,* Frankfurt 1564.

Martin Opitz: *Gesammelte Werke*. Kritische Ausgabe, hg. v. George Schulz-Behrend, Bd. II/2, Stuttgart 1979.

Pseudacro: *Scholia in Horatium vetustiora*, rec. Otto Keller, Bd. 1 (Schol. AV in Carmina et Epodos), Leipzig 1902.

Henricus Smetius: *Iuvenilia miscella*. Heidelberg 1594.

Literatur

Biographie Nationale de Belgique, Bd.6, Brüssel 1878, S. 331, Artikel *Du Quesnoy, Jérôme..*

Michael Buselmeier: *Literarische Führungen durch Heidelberg*. Eine Kulturgeschichte im Gehen. Heidelberg 1991.

Johann Gabriel Doppelmayr: *Historische Nachricht von den Nürnbergischen Mathematicis und Künstlern*. In zweyen Theilen an das Liecht gestellet, auch mit vielen nützlichen Anmerckungen und verschiedenen Kupffern versehen. Nürnberg 1730, (Reprografischer Nachdruck der Ausgabe: Hildesheim-New York 1972).

Günter Häntzschel: "Die Keusche Venus mit den gelerten Musis". Martin Opitz in Heidelberg. In: Klaus Manger und Gerhard vom Hofe (Hg.): *Heidelberg im poetischen Augenblick*. Die Stadt in Dichtung und bildender Kunst. Heidelberg 1987, S. 45-78.

Hugo Friedrich: *Epochen der italienischen Lyrik*, Frankfurt/M. 1964.

Udo Frings: Martinus Lutherus - Poeta Latinus. Orientierung 10, Aachen 1983, S. 32-41.

Marie-Luise Gothein: *Geschichte der Gartenkunst*, Bd. 2, Jena 1914.

Judith Hook: *Siena*. A City and its History. London 1979.

Gerhard Kaiser: *Augenblicke deutscher Lyrik*. Frankfurt/M. 1987.

Martin Kirnbauer: Die Kronborg-Motetten. Ein Beitrag zur Musikgeschichte Nürnbergs? *Mitteilungen des Vereins für Geschichte der Stadt Nürnberg*, Bd. 78, Nürnberg 1991, S. 103-122.

Dieter Koepplin - Tilman Falk: *Lukas Cranach*. Basel-Stuttgart 1974. Bd. 1, S. 631-636, Bd. 2, S. 426-429.

Ole Kongsted: *Kronborg-Brunnen und Kronborg-Motetten*. Ein Notenfund des späten 16. Jahrhunderts aus Flensburg und seine Vorgeschichte. Schriften der Gesellschaft für Flensburger Stadtgeschichte, Bd. 43, Kopenhagen-Flensburg-Kiel 1991.

ders., (Hg.): *Kronborg Motetterne* - Tilegnet Frederik II og Dronning Sophie 1582, Kopenhagen 1990.

Ludwig Krauß: *Paul Schede-Melissus*. Sein Leben nach den vorhandenen Quellen und nach seinen lateinischen Dichtungen als ein Leitweg zur Gelehrtengeschichte jener Zeit, Nürnberg 1918

Elisabeth B. Mac Dougall: The Sleeping Nymph: Origins of a Humanist Fountain Type. *The Art Bulletin* 57, 1975, S. 357-365.

Volker Meid (Hg.): Gedichte und Interpretationen Bd. 1, Stuttgart 1982.

W. von Moers-Messmer: *Der Heiligenberg bei Heidelberg*. Seine Geschichte und seine Ruinen. 3. Auflage. Heidelberg 1987.

Pierre de Nolhac: *Un poète rhénan, ami de la Pléïade: Paul Melissus*. Paris 1923.

Hans Pörnbacher (Hg): *Die Literatur des Barock*. Bayerische Bibliothek, Bd. 2, München 1986.

Reclams Kunstführer Italien, Bd. III,2, Stuttgart 1984.

Burkhart Richter: *Wittenberger Röhrwasser - ein technisches Denkmal*. Schriftenreihe des Stadtgeschichtlichen Zentrums, Heft 13.

Eckart Schäfer: *Deutscher Horaz*. Die Nachwirkung des Horaz in der neulateinischen Dichtung Deutschlands. Wiesbaden 1976.

ders. : 'Die Verwandlung' Jacob Baldes. In: Jean-Marie Valentin (Hg.), *Jacob Balde und seine Zeit*, Bern 1986, S. 127-156.

Albrecht Schöne (Hg.): *Das Zeitalter des Barock*. Texte und Zeugnisse, München 1963.

Franz Vogelsang: *Der Wolfsbrunnen bei Heidelberg*. Heidelberg 1965.

Dieter Wuttke: zu 'Huius Nympha loci'. *Arcadia* 3, 1968.

STICHWORTVERZEICHNIS